严格按照全新考试大纲编写

二级建造师

必刷题

市政

环球网校建造师考试研究院　组编

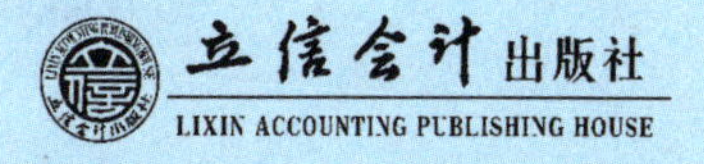

图书在版编目(CIP)数据

二级建造师必刷题. 市政 / 环球网校建造师考试研究院组编. —上海 ：立信会计出版社，2023.10(2024.1重印)

ISBN 978-7-5429-7446-4

Ⅰ.①二… Ⅱ.①环… Ⅲ.①市政工程—工程管理—资格考试—习题集 Ⅳ.①TU-44

中国国家版本馆 CIP 数据核字(2023)第 193721 号

责任编辑 蔡伟莉
助理编辑 胡蒙娜

二级建造师必刷题. 市政

Erji Jianzaoshi Bishuati. Shizheng

出版发行	立信会计出版社		
地　　址	上海市中山西路 2230 号	邮政编码	200235
电　　话	(021)64411389	传　　真	(021)64411325
网　　址	www.lixinaph.com	电子邮箱	lixinaph2019@126.com
网上书店	http://lixin.jd.com		http://lxkjcbs.tmall.com
经　　销	各地新华书店		

印　　刷	三河市中晟雅豪印务有限公司		
开　　本	787 毫米×1092 毫米	1/16	
印　　张	7		
字　　数	165 千字		
版　　次	2023 年 10 月第 1 版		
印　　次	2024 年 1 月第 2 次		
书　　号	ISBN 978-7-5429-7446-4/T		
定　　价	29.00 元		

如有印订差错，请与本社联系调换

前言

本套必刷题，全面涵盖二级建造师执业资格考试的重要考点和常考题型，力图通过全方位、精考点的多题型练习，帮助您全面理解和掌握基础考点及重难点，提高解题能力和应试技巧。本套必刷题具有以下特点：

突出考点，立体式进阶 本套必刷题同步考试大纲并进行了“刷基础”“刷重点”“刷难点”立体式梯度进阶设计，逐步引导考生夯实基础，强化重点，攻克难点，从而全面掌握考点知识体系，赢得考试。

题量适中，题目质量高 本套必刷题精心甄选适量的典型习题，且注重题目的质量。每道习题均围绕考点和专题展开，并经过多位老师的反复推敲和研磨，具有较高的参考价值。

线上解析，详细全面 本套必刷题通过二维码形式提供详细的解析和解答，不仅可以随时随地为您解惑答疑，还可以帮助您更好地理解题目和知识点，更有助于您提高解题能力和技巧。

在二级建造师执业资格考试之路上，环球网校与您相伴，助您一次通关！

环球网校建造师考试研究院

目录

第一篇　市政公用工程技术

刷题有道　必胜有路

第二篇　市政公用工程相关法规与标准

第三篇　市政公用工程项目管理实务

第四篇　案例专题

刷题有道　必胜有路

第一篇 市政公用工程技术

第一章 城镇道路工程

第一节 道路结构特征

考点1 城镇道路分类

1. 【刷基础】为解决局部地区交通，直接与两侧建筑物出入口相连接，以服务功能为主的道路是（　　）。[单选]

A. 快速路　　B. 主干路

C. 次干路　　D. 支路

2. 【刷基础】下列选项中，不属于按道路在道路网的地位、交通功能、对沿线的服务功能划分的是（　　）。[单选]

A. 主干路　　B. 快速路　　C. 人行道　　D. 支路

3. 【刷重点】下列关于城镇道路技术标准的说法，正确的有（　　）。[多选]

A. 快速路双向机动车道数最少应为4条

B. 快速路设计车速应为80～100km/h

C. 主干路必须设分隔带

D. 次干路的横断面应采用单、双幅路

E. 支路不设分隔带

4. 【刷重点】下列结构类型的路面中，适用于停车场的有（　　）。[多选]

A. 水泥混凝土路面　　B. 沥青贯入式路面

C. 沥青混凝土路面　　D. 沥青表面处治路面

E. 砌块路面

考点2 道路路基结构特征

5. 【刷基础】下列选项中，不属于路基断面形式的是（　　）。[单选]

A. 路堤　　B. 垫层

C. 路堑　　D. 半填半挖路基

6. 【刷重点】下列选项中，不适于做路基填料的有（　　）。[多选]

A. 粗粒土　　B. 高液限黏土

C. 含有机质的细粒土　　D. 细粒土

E. 高液限粉土

7. 【刷重点】下列选项中，属于反映路基性能的主要指标有（　　）。[多选]

A. 路基整体稳定性　　B. 强度

C. 刚度　　D. 弯沉值

E. 变形量

考点3 道路路面结构特征

8. 【刷基础】下列选项中，属于柔性基层的是（　　）。[单选]

A. 级配砂砾基层　　B. 水泥稳定碎石基层

C. 粉煤灰基层　　D. 石灰稳定土类基层

9. 【刷基础】级配砾石用作次干路及其以下道路基层时，最大粒径不应大于（　　）。[单选]

A. 25mm　　B. 27.5mm

C. 37.5mm　　D. 53mm

10. 【刷重点】沥青贯入式面层的主石料层厚度应依据碎石的粒径确定，厚度不宜超过（　　）。[单选]

A. 50mm　　B. 100mm

C. 150mm　　D. 200mm

11. 【刷重点】下列沥青混凝土面层中，降噪效果最好的是（　　）。[单选]

A. AC-13　　B. AC-20

C. SMA　　D. OGFC

12. 【刷基础】重交通以上等级道路、城市快速路、主干路应采用（　　）。[单选]

A. 强度等级为32.5级的硅酸盐水泥

B. 强度等级为42.5级的道路硅酸盐水泥

C. 强度等级为32.5级的矿渣硅酸盐水泥

D. 强度等级为42.5级的矿渣硅酸盐水泥

13. 【刷重点】下列关于垫层的说法，正确的有（　　）。[多选]

A. 垫层主要设置在温度和湿度状况不良的路段上

B. 垫层宜采用砂、砂砾等颗粒材料，小于0.075mm的颗粒含量不大于10%

C. 地下水位高、排水不良的路段应设置垫层

D. 季节性冰冻地区的中湿或潮湿路段应设置垫层

E. 水文地质条件不良的土质路堑应设置垫层

14. 【刷重点】下列选项中，属于面层路面使用指标的有（　　）。[多选]

A. 温度稳定性　　B. 承载能力

C. 抗滑能力　　D. 噪声量

E. 坡度

15. 【刷重点】水泥混凝土道路基层的作用有（　　）。[多选]

A. 为混凝土面层提供稳定而坚实的基础

B. 控制或减少路基不均匀冻胀或体积变形对混凝土面层的不利影响

C. 改善水泥混凝土路面的抗裂性能

D. 防止或减轻唧泥、板底脱空和错台等病害

E. 改善接缝的荷载传递能力

16. 【刷重点】下列关于水泥混凝土面层接缝设置的说法，正确的有（　　）。[多选]

A. 一次铺筑宽度大于5m时，应设置带拉杆的假缝形式的纵向缩缝

B. 一次铺筑宽度小于路面宽度时，应设置带拉杆的平缝形式的纵向施工缝

C. 横向接缝可分为横向缩缝、胀缝和横向施工缝

D. 快速路、主干路的横向胀缝应加设传力杆

E. 在邻近桥梁或其他固定构筑物处、板厚改变处、小半径平曲线等处，应设置胀缝

第二节　城镇道路路基施工

考点1　地下水控制

17.【刷基础】下列选项中，不属于路基排水方法的是（　　）。[单选]

A. 设置地下排水构筑物　　B. 设置渗沟或截水沟

C. 设置各种类型的护坡　　D. 设置降水井

18.【刷重点】地下水位或地面积水水位较高，路基处于过湿状态时，可采用（　　）提升承载能力与稳定性。[多选]

A. 土工织物疏干　　B. 设置暗沟

C. 塑料板疏干　　D. 超载预压手段

E. 设置渗沟

考点2　特殊路基处理

19.【刷基础】路基土液限指数经计算为10，则该路基土属于（　　）。[单选]

A. 坚硬状态　　B. 硬塑状态

C. 软塑状态　　D. 流塑状态

20.【刷基础】适宜采用碾压及夯实方法处理的路基是（　　）。[单选]

A. 湿陷性黄土路基　　B. 碎石土路基

C. 饱和黏性土路基　　D. 软弱土路基

21.【刷重点】下列关于路基处理方法的说法，错误的是（　　）。[单选]

A. 强夯适用于饱和黏性土

B. 灰土垫层适用于暗沟、暗塘等软弱土的浅层处理

C. 采用真空预压法时，对渗透性极低的泥炭土必须慎重对待

D. 砂桩适用于处理松砂、粉土、杂填土及湿陷性黄土

22.【刷重点】下列关于土的主要性能参数的说法，正确的有（　　）。[多选]

A. 含水量是土中水的质量与土的质量之比

B. 塑限指土由流动状态转为可塑状态的界限含水量

C. 塑性指数是指土的液限与塑限的差值

D. 液限指数是指土的天然含水量与塑限之差值对塑性指数的比值

E. 液限指数为0.2的土为软塑状态

23.【刷难点】下列关于路基处理方法的说法，正确的有（　　）。[多选]

A. 重锤夯实法适用于饱和黏性土

B. 砂石垫层适用于暗沟、暗塘等软弱土的浅层处理

C. 真空预压法适用于暗沟、暗塘等软弱土的浅层处理

D. 振冲挤密法适用于处理松砂、粉土、杂填土及湿陷性黄土

E. 振冲置换法适用于不排水剪切强度小于20kPa的软弱土

考点3 城镇道路路基施工技术

24.【刷基础】路基工程中，新建的地下管线施工必须依照（　　）的原则进行。[单选]

A. 先地下、后地上、先浅后深

B. 先地上、后地下、先深后浅

C. 先地上、后地下、先浅后深

D. 先地下、后地上、先深后浅

25.【刷重点】下列关于路基施工要点的说法，错误的是（　　）。[单选]

A. 地面坡度1∶4处修筑台阶

B. 每层台阶宽度不应小于1.0m

C. 填方高度内的管涵顶面，填土300mm以上才能用压路机碾压

D. 路基填筑最后的碾压选用不小于12t级压路机

26.【刷难点】下列关于挖土路基施工的说法，错误的有（　　）。[多选]

A. 挖方段应自上向下分层开挖

B. 距管道边2m范围内应采用人工开挖

C. 挖方段不得超挖，应留有碾压到设计标高的压实量

D. 压路机碾压应自路两边向路中心进行，直至表面无明显轮迹为止

E. 过街雨水支管沟槽及检查井周围应用中粗砂填实

27.【刷重点】下列说法中，不属于试验段试验目的的有（　　）。[多选]

A. 确定路基预沉量值

B. 合理选用压实机具

C. 确定压实遍数

D. 确定道路用途

E. 确定摊铺长度

28.【刷难点】下列有关土质路基碾压的说法，正确的有（　　）。[多选]

A. 最大碾压速度不宜超过6km/h

B. 碾压不到的部位应采用小型机械夯实

C. 先轻后重、先振后静、先低后高、先慢后快、轮迹重叠

D. 压路机轮外缘距路基边应保持安全距离

E. 管顶以上500mm范围内不得使用压路机

第三节　城镇道路路面施工

考点1 常用无机结合料稳定基层的特性

29.【刷基础】下列关于水泥稳定土基层的说法，错误的是（　　）。[单选]

A. 有良好的板体性

B. 初期强度比石灰土低

C. 低温时会冷缩

D. 水稳性比石灰土好

30.【刷重点】下列关于二灰稳定土的说法，正确的有（　　）。[多选]

A. 抗冻性能比石灰土高

B. 粉煤灰用量越多早期强度越高

C. 收缩性大于水泥土和石灰土

D. 被禁止用于高等级路面的基层

E. 温度低于4℃时强度几乎不增长

考点2 城镇道路基层施工技术

31. 【刷基础】下列关于石灰粉煤灰稳定碎石混合料基层施工的说法，错误的是（　　）。[单选]

A. 碾压时采用先轻型、后重型压路机碾压

B. 禁止用薄层贴补的方法进行找平

C. 混合料每层最大压实厚度为300mm

D. 混合料可采用沥青乳液进行养护

32. 【刷重点】下列关于石灰稳定土基层与水泥稳定土基层施工技术要求的说法，正确的有（　　）。[多选]

A. 纵向接缝宜设在路中线处

B. 施工期间最低气温应在0℃以上

C. 碾压时的含水量宜在最佳含水量的±2%范围内

D. 设超高的平曲线段，应由外侧向内侧碾压

E. 稳定土养护期应封闭交通

考点3 土工合成材料的应用

33. 【刷基础】下列选项中，属于台背路基填土加筋作用的是（　　）。[单选]

A. 提高路堤的稳定性　　B. 减少路基与构造物之间的不均匀沉降

C. 作为过滤体与排水体　　D. 作坡面防护和冲刷防护

34. 【刷基础】在道路施工中，土工合成材料具有（　　）的功能。[多选]

A. 加筋　　B. 防护

C. 排水　　D. 整平

E. 隔离

35. 【刷重点】采用铺设土工布加固地基时，土工布应满足的技术指标有（　　）。[多选]

A. 抗拉强度　　B. 抗压强度

C. 顶破强度　　D. 材料厚度

E. 渗透系数

36. 【刷重点】在地基加固施工中，土工布铺设做法正确的有（　　）。[多选]

A. 土工布在铺设时，应拉直平顺，不得出现扭曲、折皱、重叠

B. 用搭接法连接时，搭接长度不小于50mm

C. 用缝接法连接时，粘结强度不低于土工布的抗拉强度

D. 土工布铺设过程中，应避免长时间暴露和暴晒

E. 土工布铺设路堤时，每边应留足够的锚固长度

考点4 沥青混合料面层施工

37. 【刷基础】沥青混合料面层施工时，在铺筑沥青混合料面层前，应在基层表面喷洒（　　）。[单选]

A. 水　　B. 透层油

C. 粘层油　　D. 隔离剂

38.【刷重点】下列关于热拌沥青混合料面层运输与布料的说法，错误的是（　　）。[单选]

A. 装料前运料车车厢板喷洒一薄层隔离剂或防粘结剂

B. 沥青混合料上宜用篷布覆盖保温、防雨和防污染

C. 对高等级道路，等候的运料车宜在 5 辆以上

D. 运料车应在摊铺机前 100～200mm 外空挡等候，由运料车缓慢顶推摊铺机前进逐步卸料

39.【刷重点】下列关于热拌沥青混合料路面接缝的说法，正确的是（　　）。[单选]

A. 将已摊铺混合料留下部分暂不碾压，然后跨缝压实的做法属于冷接缝

B. 采用梯队作业摊铺时应选用热接缝

C. 高等级道路各层的横向接缝应采用平接缝

D. 除高等级道路外的其他等级道路各层的横向接缝应采用平接缝

40.【刷重点】下列关于粘层油喷洒部位的说法，正确的有（　　）。[多选]

A. 沥青混合料上面层与下面层之间

B. 沥青混合料下面层与基层之间

C. 沥青层与水泥混凝土路面之间

D. 既有结构与沥青混合料层之间

E. 检查井与沥青混合料层之间

考点 5　改性沥青混合料面层施工技术

41.【刷重点】下列关于改性沥青混合料面层施工的说法，错误的是（　　）。[单选]

A. 一般情况下，SMA 混合料的摊铺温度不低于 160°

B. 改性沥青混合料初压开始温度不低于 120℃

C. 改性沥青 SMA 摊铺速度宜为 1～3m/min

D. OGFC 混合料宜采用 12t 以上钢筒式压路机碾压

42.【刷基础】振动压路机在碾压改性沥青混合料路面时，应遵循（　　）的慢速碾压原则。[单选]

A. 高频率、高振幅　　　　B. 高频率、低振幅

C. 低频率、低振幅　　　　D. 低频率、高振幅

43.【刷难点】下列关于改性沥青混合料面层施工的说法，正确的有（　　）。[多选]

A. 松铺系数应通过试验确定

B. 碾压终了的表面温度为 100℃

C. 碾压时应从路外侧向中心碾压

D. 宜采用轮胎压路机碾压

E. 在超高路段由高向低碾压，在坡道上由低处向高处碾压

考点 6　温拌沥青混合料面层施工技术

44.【刷基础】用于温拌施工的温拌沥青混合料出料温度较热拌沥青混合料降低（　　）以上。[单选]

A. 10°C　　　　B. 15°C

C. 20°C　　　　D. 30°C

45. 【刷重点】下列关于温拌沥青混合料面层施工的说法，正确的有（　　）。[多选]

A. 干法添加型温拌添加剂的掺量一般为最佳沥青用量的 5%～6%

B. 湿法添加型温拌添加剂的掺量一般为最佳沥青用量的 0.5%～0.8%

C. 一车料最少应分三层装载，每层应按 2 次以上装料

D. 沥青降粘类温拌添加剂的掺量一般为最佳沥青用量的 3%～4%

E. 运料车装料时，应通过前后移动运料车来消除粗细料的离析现象

考点 7　水泥混凝土路面施工

46. 【刷重点】水泥混凝土面层施工采用三辊轴机组铺筑混凝土面层，下列说法错误的是（　　）。[单选]

A. 辊轴直径应与摊铺层厚度匹配

B. 当面层铺装厚度小于 150mm 时，可采用振捣梁

C. 三辊轴整平机分段整平的作业单元长度宜为 20～30m

D. 在一个作业单元长度内，应采用前进静滚、后退振动方式作业

47. 【刷重点】普通混凝土路面的胀缝应设置胀缝补强钢筋支架、胀缝板和传力杆，下列要求正确的有（　　）。[多选]

A. 胀缝应与路面中心线垂直

B. 缝上部安装胀缝板和传力杆

C. 缝宽必须一致

D. 缝壁必须垂直

E. 缝中不得连浆

48. 【刷重点】下列关于水泥混凝土路面施工中养护和开放交通的说法，错误的有（　　）。[多选]

A. 可采取喷洒养护剂或保湿覆盖等方式养护

B. 雨天或养护用水充足时，宜使用围水养护

C. 养护时间宜为 7d

D. 填缝料养护期间应封闭交通

E. 混凝土达到设计弯拉强度 40%以后，方可开放交通

第四节　挡土墙施工

考点 1　挡土墙结构形式及分类

49. 【刷重点】图 1-1 所示挡土墙的结构形式为（　　）。[单选]

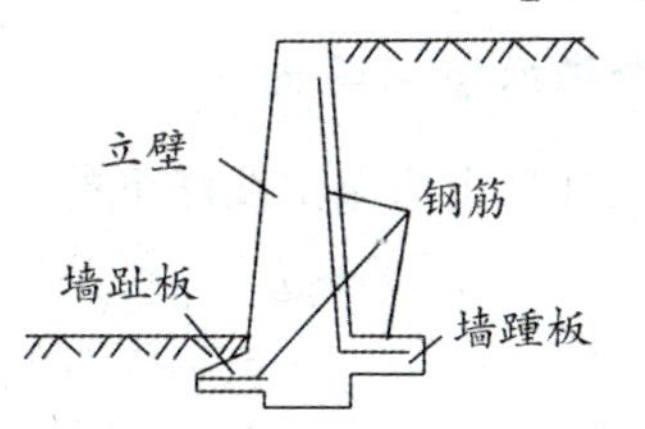

图 1-1　挡土墙的结构形式

A. 重力式　　　　B. 悬臂式

C. 衡重式　　　　D. 扶壁式

50. 【刷重点】沿墙长隔一定距离在墙面板上设加筑肋板，使墙面与墙踵板连接，从而在高

挡墙应用较多的是（　　）挡墙。[单选]

A. 衡重式　　B. 悬臂式

C. 扶壁式　　D. 重力式

51. 【刷基础】当刚性挡土墙受外力向填土一侧移动，墙后土体向上挤出隆起，这时挡土墙承受的压力被称为（　　）。[单选]

A. 主动土压力

B. 静止土压力

C. 被动土压力

D. 隆起土压力

52. 【刷难点】下列挡土结构类型中，主要依据靠墙踵板的填土重量维持挡土构筑物的稳定的有（　　）。[多选]

A. 仰斜式挡土墙

B. 俯斜式挡土墙

C. 衡重式挡土墙

D. 钢筋混凝土悬臂式挡土墙

E. 钢筋混凝土扶壁式挡土墙

考点2 挡土墙施工技术

53. 【刷重点】下列关于挡土墙基础施工的说法，错误的是（　　）。[单选]

A. 挡土墙基坑分段开挖，距基坑底 30cm，采用人工辅助清底，严禁超挖

B. 当地下水位较高时，要采取降水排水措施，将地下水位控制在基坑底以下 50cm

C. 基础与墙身连接应按设计要求设置石榫、插筋，接触面要凿毛，用压力水冲洗干净

D. 人工凿毛时强度宜为 5MPa，机械凿毛时强度宜为 20MPa

54. 【刷重点】下列关于钢筋混凝土挡土墙施工的说法，错误的有（　　）。[多选]

A. 现场绑扎钢筋网的外围两行钢筋交叉点全部用绑丝绑牢，中间部分交叉点可间隔交错扎牢

B. 钢筋接头宜采用焊接接头或机械连接接头，不得使用闪光对焊

C. 可以利用卷扬机拉直钢筋

D. 挡墙浇筑混凝土要水平分层浇筑，分层振捣密实，分层厚度≤200mm

E. 墙身混凝土抗压强度≥2.5MPa，可拆除墙身模板

第五节　城镇道路工程安全质量控制

考点1 城镇道路工程安全技术控制要点

55. 【刷基础】挖掘机需要在 110kV 电力架空线路下的一侧作业时，挖掘机与电力架空线路的最小水平安全距离应为（　　）。[单选]

A. 3.0m　　B. 3.5m

C. 4.0m　　D. 4.5m

56. 【刷重点】下列关于道路施工安全控制的说法，正确的有（　　）。[多选]

A. 填土路基为土质边坡时，每侧填土宽度应大于设计宽度 0.5m

B. 碾压高填方时，应自路基边缘向路中心进行，且与填土外侧距离不得小于 0.5m

C. 人工配合施工时，作业人员之间的安全距离，横向不得小于 3m，纵向不得小于 2m
D. 道路附属构筑物应根据道路施工总体部署，由下至上随道路结构层施工
E. 不得掏洞挖土和在路堑底部边缘休息

考点 2　城镇道路工程质量控制要点

57. 【刷基础】路面施工时，路基应分层填筑，每层最大压实厚度宜不大于（　　）。[单选]
A. 100mm　　B. 200mm
C. 300mm　　D. 400mm

58. 【刷基础】下列关于水泥稳定材料基层施工质量控制的说法，错误的是（　　）。[单选]
A. 水泥稳定材料基层宜采用摊铺机械摊铺，自拌合至摊铺、碾压成型完成，不得超过 3h
B. 分层摊铺时，应在下层养护 14d 后，方可摊铺上层材料
C. 常温下成型后应经 7d 养护，方可在其上铺筑道路面层
D. 水泥稳定材料基层宜在水泥初凝时间到达前碾压成型

59. 【刷基础】无机结合料稳定基层现场质量检验项目主要有（　　）。[多选]
A. 基层压实度　　B. 外观质量
C. 平整度　　D. 纵断面高程
E. 7d 无侧限抗压强度

考点 3　城镇道路工程季节性施工措施

60. 【刷重点】下列关于冬期路基施工的说法，错误的是（　　）。[单选]
A. 开挖冻土挖到设计标高立即碾压成型
B. 城市快速路、主干路冻土块含量应小于 10%
C. 次干路以下冻土块含量应小于 15%
D. 如当日达不到设计标高，下班前应将操作面刨松或覆盖

61. 【刷重点】下列关于冬期沥青混合料面层施工的说法，正确的有（　　）。[多选]
A. 城镇快速路、主干路的沥青混合料面层严禁冬期施工
B. 次干路及粘层、透层、封层在施工温度低于 5℃时应停止施工
C. 施工采取“快卸、快铺、快平”和“及时碾压、及时成型”的方针
D. 适当提高沥青混合料拌合、出厂及施工时的温度
E. 热拌改性沥青混合料施工环境温度不应低于 10℃

62. 【刷重点】下列关于道路雨期施工的说法，正确的有（　　）。[多选]
A. 对于土路基施工，要有计划地组织快速施工，分段开挖，切忌全面开挖或挖段过长
B. 雨期开挖路堑，当挖至路床顶面以上 300～500mm 时应停止开挖
C. 填方路基填料应选用透水性好的碎石土、卵石土、砂砾、石方碎渣和砂类土等
D. 填方地段施工，应按 2%～3%的横坡整平压实，以防积水
E. 沥青面层施工中遇雨时，应立即使用防雨设施完成对已铺筑混凝土的振实成型

[选择题] 参考答案

1. D	2. C	3. ADE	4. BDE	5. B	6. BCE
7. AE	8. A	9. C	10. B	11. D	12. B
13. ACDE	14. ABCD	15. ABDE	16. BCDE	17. D	18. ACD
19. D	20. B	21. A	22. CD	23. BD	24. D
25. C	26. BE	27. DE	28. BDE	29. B	30. ADE
31. C	32. ACE	33. B	34. ABCE	35. ACDE	36. ACDE
37. B	38. D	39. B	40. ACDE	41. B	42. B
43. AC	44. C	45. ABDE	46. D	47. ACDE	48. BCE
49. B	50. C	51. C	52. DE	53. D	54. CD
55. C	56. ABDE	57. C	58. B	59. AE	60. B
61. ACDE	62. ABCD				

学习总结

第二章　城市桥梁工程

第一节　城市桥梁结构形式及通用施工技术

考点1　城市桥梁结构组成与类型

1. 【刷基础】桥跨结构相邻两个支座中心之间的距离是指（　　）。[单选]

A. 净跨径　　　　B. 计算跨径

C. 总跨径　　　　D. 桥梁全长

2. 【刷基础】某立交桥桥面设计标高为56.400m，箱梁底标高为54.200m，桥下路面标高为50.200m，则该桥的建筑高度为（　　）m。[单选]

A. 6.400　　B. 6.200　　C. 4.000　　D. 2.200

3. 【刷基础】在竖向荷载作用下，梁部主要受弯，在柱脚处也有水平反力的是（　　）。[单选]

A. 梁式桥　　B. 拱式桥　　C. 刚架桥　　D. 悬索桥

4. 【刷重点】下列关于桥梁结构受力特点的说法，错误的是（　　）。[单选]

A. 拱式桥的承重结构以受压为主，桥墩或桥台承受水平推力

B. 梁式桥是一种在竖向荷载作用下无水平反力的结构

C. 刚架桥在竖向荷载作用下，梁部主要受弯，而柱脚处具有水平反力

D. 在相同荷载作用下，同样跨径的刚架桥正弯矩要比梁式桥要大

5. 【刷基础】从受力特点划分，斜拉桥属于（　　）体系桥梁。[单选]

A. 梁式　　B. 拱式　　C. 悬吊式　　D. 组合

6. 【刷重点】桥梁下部结构包括（　　）。[多选]

A. 桥台　　　　B. 桥墩

C. 墩台基础　　　　D. 支座系统

E. 排水防水系统

7. 【刷难点】下列关于桥梁常用术语的说法，正确的有（　　）。[多选]

A. 桥梁高度是指桥面与桥下线路路面之间的距离

B. 简支梁桥计算跨径为桥跨结构两个相邻支座中心之间的距离

C. 拱式桥计算跨径为两相邻拱脚截面形心点之间的水平距离

D. 计算矢高是从拱顶截面下缘至相邻两拱脚截面下缘最低点之连线的垂直距离

E. 桥梁全长是桥梁两端两个桥台的侧墙或八字墙后端点之间的距离

考点2　模板、支架和拱架的设计、制作、安装与拆除

8. 【刷重点】模板支架设计中，在桥墩侧模强度验算中，除新浇混凝土对侧模的压力外，荷载组合中还应考虑（　　）。[单选]

A. 施工人员及施工材料运输及堆放的荷载　　　　B. 振捣混凝土的荷载

C. 倾倒混凝土的水平冲击荷载　　　　D. 水流压力

9. 【刷基础】下列关于模板、支架和拱架拆除的说法，错误的是（　　）。[单选]

A. 非承重侧模应在混凝土强度能保证结构棱角不损坏时方可拆除

B. 芯模和预留孔道内模应在混凝土抗压强度能保证结构表面不发生塌陷和裂缝时，方可拔出

C. 浆砌石、混凝土砌块拱桥，设计未规定时，砂浆强度应达到设计标准值75%以上卸落拱架

D. 跨径小于10m的拱桥宜在拱上结构全部完成后卸落拱架

10. 【刷重点】模板支架设计中，在栏杆侧模强度验算中，荷载组合应选择（　　）。[多选]

A. 施工人员及施工材料运输及堆放的荷载

B. 振捣混凝土的荷载

C. 新浇混凝土对侧模的压力

D. 倾倒混凝土的水平冲击荷载

E. 支架所承受的水流压力

11. 【刷重点】下列关于支架、拱架搭设的说法，错误的有（　　）。[多选]

A. 支架基础必须具有足够承载能力，地基处理范围应宽出支架搭设范围不小于0.5m

B. 承插型盘扣式钢管支架拼装支架时，留在立杆内长度应不少于100mm

C. 支架宜采用新型盘扣式钢管支架，结构应具有足够的承载力和整体稳定性

D. 钢管满堂支架搭设完毕后，支架应进行预压

E. 预压加载可按最大施工荷载的80%、100%分两次加载

12. 【刷难点】下列关于模板、支架和拱架拆除的说法，正确的有（　　）。[多选]

A. 非承重侧模应在混凝土强度能保证结构棱角不损坏时方可拆除，混凝土强度宜为2.5MPa及以上

B. 模板、支架和拱架拆除应遵循“先支先拆、后支后拆”的原则

C. 支架和拱架应按几个循环卸落，每一循环中，在横向应对称均衡卸落，在纵向应同时卸落

D. 简支梁、连续梁结构的模板应从跨中向支座方向依次循环卸落

E. 预应力混凝土结构的侧模应在预应力张拉前拆除，底模应在结构建立预应力后拆除

考点3 钢筋施工技术

13. 【刷基础】预制构件的吊环使用时的计算拉应力应不大于（　　）MPa。[单选]

A. 45　　B. 50　　C. 55　　D. 65

14. 【刷重点】下列选项中，钢筋接头的设置符合规定的是（　　）。[单选]

A. 钢筋接头部位横向净距不得小于钢筋直径，且不得小于20mm

B. 钢筋接头应设在受力较小区段，不宜位于构件的最大弯矩处

C. 接头末端至钢筋弯起点的距离不得小于钢筋直径的5倍

D. 施工中钢筋受力分不清受拉、受压的，按受压办理

15. 【刷基础】现场绑扎钢筋时，不需要全部用绑丝绑扎的交叉点是（　　）。[单选]

A. 钢筋网的外围两行钢筋交叉点

B. 单向受力钢筋网片外围两行钢筋交叉点

C. 单向受力钢筋网片中间部分交叉点

D. 双向受力钢筋的交叉点

16. 【刷重点】下列关于钢筋加工的说法，正确的有（　　）。[多选]

A. 钢筋弯制前应先调直

B. 应利用卷扬机拉直钢筋

C. 箍筋弯钩平直部分的长度，一般结构不宜小于箍筋直径的3倍

D. 箍筋弯钩平直部分的长度，有抗震要求的结构不得小于箍筋直径的6倍

E. 钢筋宜从中部开始逐步向两端弯制，弯钩应一次弯成

17. 【刷难点】下列关于钢筋混凝土保护层厚度的说法，正确的有（　　）。[多选]

A. 钢筋机械连接件的最小保护层厚度不得小于 10mm

B. 后张法构件预应力直线形钢筋不得小于其管道直径的 1/3

C. 受拉区主筋的混凝土保护层为 60mm 时，应在保护层内设置钢筋网

D. 普通钢筋的最小混凝土保护层厚度不得小于钢筋公称直径

E. 应在钢筋与模板之间设置垫块，确保钢筋的混凝土保护层厚度

考点 4　混凝土施工技术

18. 【刷基础】测定混凝土抗压强度时，应以边长（　　）的立方体标准试件为准。[单选]

A. 100mm　　B. 150mm　　C. 200mm　　D. 250mm

19. 【刷重点】关于混凝土搅拌、运输和浇筑的说法，错误的是（　　）。[单选]

A. 应在搅拌地点和浇筑地点分别随机取样检测坍落度

B. 混凝土从出料至入模的时间不超过 15min，其坍落度可仅在搅拌地点检测

C. 自高处向模板内倾卸混凝土时，其自由倾落高度不得超过 2m

D. 当倾落高度超过 2m 时，应设置减速装置

20. 【刷重点】下列关于混凝土施工的说法，错误的是（　　）。[单选]

A. 上层混凝土应在下层混凝土初凝前浇筑、捣实

B. 严禁在运输过程中向混凝土拌合物中加水

C. 混凝土运输、浇筑及间歇的全部时间不应超过混凝土的终凝时间

D. 掺用缓凝剂或有抗渗要求及高强度混凝土的养护时间不应少于 14d

21. 【刷基础】下列混凝土中，洒水养护时间不得少于 14d 的有（　　）。[多选]

A. 普通硅酸盐水泥混凝土　　B. 矿渣硅酸盐水泥混凝土

C. 掺用缓凝型外加剂的混凝土　　D. 有抗渗要求的混凝土

E. 高强度混凝土

考点 5　预应力混凝土施工技术

22. 【刷基础】预应力筋在室外存放的时间不宜超过（　　）个月。[单选]

A. 3　　B. 4　　C. 5　　D. 6

23. 【刷基础】钢丝和钢绞线束移运时支点距离不得大于（　　）。[单选]

A. 1.5m　　B. 2m　　C. 2.5m　　D. 3m

24. 【刷基础】预应力筋采用应力控制方法张拉时，应以（　　）进行校核。[单选]

A. 伸长值　　B. 张拉力　　C. 压力表读数　　D. 锚固回缩量

25. 【刷重点】下列关于先张法预应力施工的说法，不正确的是（　　）。[单选]

A. 张拉台座应具有足够的强度和刚度，其抗倾覆安全系数不得小于 1.5

B. 张拉横梁应有足够的刚度，受力后的最大挠度不得大于 2mm

C. 同时张拉多根预应力筋时，各根预应力筋的初始应力应一致

D. 放张后，应将限制位移的模板拆除

26. 【刷基础】预应力筋张拉前应根据设计要求对孔道的（　　）进行实测。[单选]

A. 摩阻损失　　B. 直径　　C. 摩阻力　　D. 长度

27. 【刷重点】先张法预应力筋张拉程序中，适用于有自锚性能的锚具、低松弛预应力筋为（　　）。[单选]

A. 0→σ_{con}（持荷 2min）→0（上述可反复几次）→初应力→σ_{con}（持荷 2min 锚固）

B. 0→初应力→σ_{con}（持荷 2min 锚固）

C. 0→初应力→1.05σ_{con}（持荷 2min）→0→σ_{con}（锚固）

D. 0→初应力→1.03σ_{con}（锚固）

28. 【刷重点】预应力筋进场时，应对其质量证明文件、包装、标志和规格进行检验。下列关于钢丝、钢绞线检验的说法，正确的有（　　）。[多选]

A. 每检验批重量不得大于 60t

B. 从检查合格的钢丝中抽查 2 盘，在每盘钢丝的任一端取样进行力学性能等试验

C. 试验结果有一项不合格，则该盘钢丝报废

D. 初次试验不合格，再从该批未试验过的钢绞线中取双倍数量的试样进行该不合格项的复验

E. 复验如仍有一项不合格，则该批钢绞线报废

29. 【刷基础】锚具、夹具和连接器进场时，确认其锚固性能类别、型号、规格、数量后进行（　　）。[多选]

A. 外观检查

B. 强度检验

C. 硬度检验

D. 静载锚固性能试验

E. 动载锚固性能试验

30. 【刷重点】下列先张法预应力张拉施工规定中，正确的有（　　）。[多选]

A. 张拉台座抗倾覆安全系数不得小于 1.3

B. 锚板受力中心应与预应力筋合力中心一致

C. 预应力筋连同隔离套管应在钢筋骨架完成后一并穿入就位

D. 预应力筋就位后，应使用电弧焊对梁体钢筋及模板进行切割或焊接

E. 张拉过程中应使活动横梁与固定横梁始终保持平行

31. 【刷重点】下列关于后张法预应力施工的说法，正确的有（　　）。[多选]

A. 管道应留压浆孔与溢浆孔

B. 在管道最低部位宜留排水孔

C. 长度为 20m 的直线预应力筋，宜在两端张拉

D. 预应力筋的张拉顺序宜先上、下或两侧，后中间

E. 张拉过程中预应力筋不得出现断丝、滑丝、断筋

32. 【刷难点】下列后张法预应力孔道压浆与封锚规定中，正确的有（　　）。[多选]

A. 压浆过程中及压浆后 24h 内，结构混凝土的温度不得低于 5℃

B. 多跨连续有连接器的预应力筋孔道，应张拉完一段灌注一段

C. 压浆作业，每一工作班应留取不少于 3 组砂浆试块，标养 28d

D. 当白天气温高于 35℃时，压浆宜在夜间进行

E. 预应力筋的外露长度不宜小于其直径的 1.5 倍，且不应小于 20mm

33. 【刷难点】背景资料：

预应力筋张拉如图 1-2 所示。[案例节选]

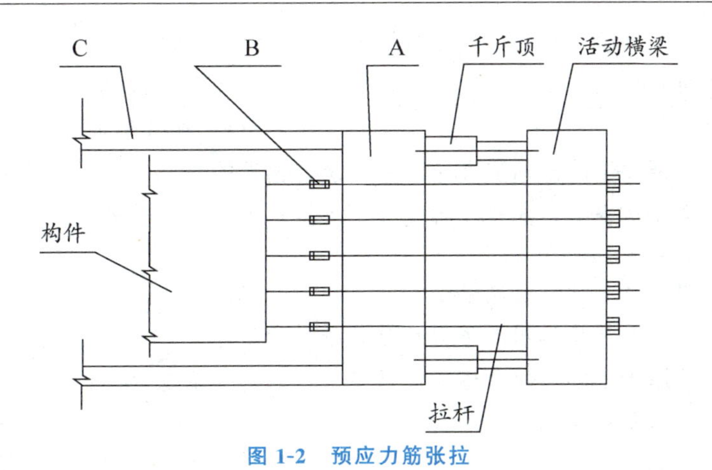

图 1-2　预应力筋张拉

问题：

指出图中结构属于哪种预应力张拉方法，并补充 A、B、C 构件名称，说明 B 的作用。

第二节　城市桥梁下部结构施工

考点 1　各类围堰施工要求

34. 【刷基础】围堰使用期间河流的常水位为＋2.0m，可能出现的最高水位（包括浪高）为＋3.0m，则该围堰顶的最低标高应为（　　）。[单选]

A. ＋2.5m　　B. ＋3.0m　　C. ＋3.5m　　D. ＋4.0m

35. 【刷重点】适用于水深 5m，流速较大的黏性土河床的围堰类型是（　　）。[单选]

A. 土围堰　　B. 土袋围堰

C. 钢板桩围堰　　D. 铁丝笼围堰

36. 【刷重点】大型河流的深水基础，覆盖层较薄、平坦的岩石河床宜使用（　　）。[单选]

A. 土袋围堰　　B. 堆石土围堰

C. 钢板桩围堰　　D. 双壁围堰

37. 【刷难点】下列关于钢板桩围堰施工的说法，正确的有（　　）。[多选]

A. 适用于大型河流的深水基础

B. 在黏土层施工时应使用射水下沉方法

C. 施打时必须有导向设备

D. 施打前应对钢板桩的锁口用止水材料捻缝

E. 施打顺序一般从上游向下游合龙

考点 2　桩基础施工方法与设备选择

38. 【刷重点】下列关于沉入桩沉桩方式及设备选择的说法，错误的是（　　）。[单选]

A. 锤击沉桩宜用于砂类土、黏性土

B. 静力压桩宜用于软黏土、淤泥质土

C. 振动沉桩宜用于黏土、砂土、碎石土且河床覆土较厚的情况

D. 重要建筑物附近不宜采用射水沉桩

39. 【刷基础】地下水位以下土层的桥梁钻孔灌注桩基础施工，不应采用的成桩设备

是（　　）。[单选]

A. 正循环回转钻机　　B. 旋挖钻机

C. 长螺旋钻机　　D. 冲击钻机

40. 【刷重点】下列关于冲击钻成孔施工的说法，错误的是（　　）。[单选]

A. 开孔时应高锤密击，反复冲击造壁，保持孔内泥浆面稳定

B. 每钻进 4～5m 应验孔一次

C. 排渣过程中应及时补给泥浆

D. 稳定性差的孔壁应采用泥浆循环或抽渣筒排渣

41. 【刷基础】适用于干作业成孔桩的设备是（　　）。[单选]

A. 正循环回转钻机　　B. 旋挖钻机

C. 振动沉桩机　　D. 长螺旋钻机

42. 【刷重点】下列关于灌注水下混凝土导管的说法，正确的是（　　）。[单选]

A. 导管每节长宜为 5m

B. 导管接头采用法兰盘加锥形活套

C. 轴线偏差不宜超过孔深的 2%

D. 试压的压力宜为孔底静水压力的 0.5 倍

43. 【刷重点】下列关于沉入桩施工技术要点的说法，正确的有（　　）。[多选]

A. 沉桩时，桩锤、桩帽或送桩帽应和桩身在同一中心线上

B. 桩身垂直度偏差不得超过 1%

C. 接桩可采用焊接、法兰连接或机械连接

D. 终止锤击应以控制贯入度为主，桩端设计标高为辅

E. 沉桩过程中应加强对邻近建筑物、地下管线等的观测、监护

44. 【刷重点】下列关于钻孔灌注桩钢筋笼与灌注混凝土施工要点的说法，正确的有（　　）。[多选]

A. 钢筋笼制作、运输和吊装过程中应防止变形

B. 钢筋笼放入泥浆后 5h 内必须浇筑混凝土

C. 宜采用预拌混凝土，其骨料粒径不宜大于 45mm

D. 浇筑时混凝土的温度不得低于 5℃

E. 当气温高于 30℃时，应根据具体情况对混凝土采取缓凝措施

45. 【刷难点】下列关于钻孔灌注桩水下混凝土灌注的说法，错误的有（　　）。[多选]

A. 导管安装固定后开始吊装钢筋笼

B. 混凝土须具有良好的和易性，坍落度宜为 180～220mm

C. 开始灌注混凝土时，导管底部至孔底的距离宜为 300～500mm

D. 导管首次埋入混凝土深度宜为 2～6m

E. 灌注必须连续进行，严禁将导管提出混凝土灌注面

46. 【刷难点】背景资料：

A 公司总承包某地一城区桥梁工程，桩基采用钻孔灌注桩基础，成桩方式为泥浆护壁成孔，设备为正循环回旋钻，如图 1-3 所示。[案例节选]

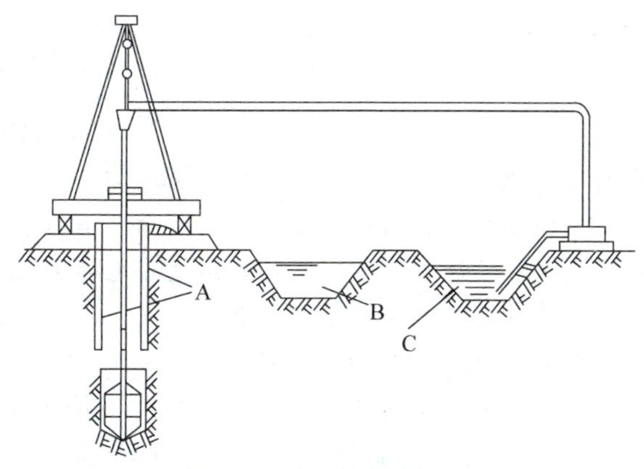

图 1-3　钻孔灌注桩基础

问题：

写出 A、B、C 构件的名称，并说明 A 的作用和深度要求，以及 C 的作用。

考点 3　墩台、盖梁施工技术

47.【刷基础】如设计无要求，预应力钢筋混凝土悬臂盖梁拆除底模的时间应在（　　）。[单选]

A. 盖梁混凝土强度达到设计强度的 75%之时　　B. 盖梁混凝土强度达到设计强度后

C. 预应力张拉完成后　　D. 孔道压浆强度达到设计强度后

48.【刷重点】下列关于重力式混凝土桥台施工的说法，正确的有（　　）。[多选]

A. 桥台混凝土浇筑前应对基础混凝土顶面做凿毛处理，清除锚筋污锈

B. 桥台混凝土宜水平分层浇筑，每层高度宜为 1.5～2m

C. 桥台混凝土分块浇筑时，接缝应与墩台截面尺寸较大的一边平行

D. 邻层分块接缝应错开，接缝宜做成企口形

E. 分块数量，墩台水平截面积在 $200m^2$ 内不得超过 2 块，在 $300m^2$ 以内不得超过 3 块；每块面积不得小于 $100m^2$

第三节　桥梁支座施工

考点 1　支座类型

49.【刷基础】（　　）是连接桥梁上部结构和下部结构的重要结构部件，是桥梁的重要传力装置。[单选]

A. 桥梁支座　　B. 垫石

C. 伸缩装置　　D. 盖梁

50.【刷基础】桥梁支座按变形可能性分为（　　）。[多选]

A. 弧形支座　　B. 单向活动支座

C. 减隔震支座　　D. 多向活动支座

E. 拉压支座

考点 2　支座施工技术

51.【刷重点】预制梁盆式支座安装工艺流程有：①盖梁支座灌浆；②支座上钢板预埋至梁体内；③拆除支座上下连接钢板及螺栓；④支座固定在预埋钢板上；⑤吊装落梁至临时

支撑上。正确的安装顺序为（　　）。[单选]

A. ④—②—①—⑤—③　　B. ②—④—⑤—①—③

C. ③—②—④—⑤—①　　D. ②—⑤—④—①—③

52.【刷重点】下列关于支座施工一般要求的说法，正确的有（　　）。[多选]

A. 支座安装平面位置和顶面高程必须正确，不得偏斜、脱空、不均匀受力

B. 当实际支座安装温度与设计要求不同时，应通过经验确定顺桥方向的预偏量

C. 调整支座的顶面高程时，应采用钢垫片支垫

D. 安装单（双）向活动支座时，应确保支座滑板的主要滑移方向符合设计要求

E. 支座安装后，应及时对垫石上的预留螺栓孔采用微膨胀灌浆材料进行填充密实

第四节　城市桥梁上部结构施工

考点1　装配式桥梁施工技术

53.【刷基础】下列选项中，不属于装配式梁（板）架设方法的是（　　）。[单选]

A. 起重机架梁法　　B. 跨墩龙门吊架梁法

C. 架桥机悬拼法　　D. 穿巷式架桥机架梁法

54.【刷重点】下列关于装配式预制混凝土梁场内移运和存放的说法，正确的是（　　）。[单选]

A. 吊绳与起吊构件的交角小于60°时，应设置吊架或起吊扁担，使吊环垂直受力

B. 预制梁可直接支撑在混凝土存放台座上

C. 存放时长可长达6个月

D. 构件多层叠放时，上下层垫木在竖直面上应适当错开

55.【刷重点】下列关于装配式梁（板）先简支后连续梁安装的说法，正确的是（　　）。[单选]

A. 永久支座应在设置湿接头底模之后安装

B. 湿接头处的梁端不需要按照施工缝的要求进行凿毛处理

C. 湿接头混凝土的养护时间应不少于14d

D. 湿接头的混凝土宜在一天中气温最高时浇筑

56.【刷难点】下列关于装配式桥梁施工技术的说法，正确的有（　　）。[多选]

A. 采用架桥机进行安装作业时，其抗倾覆稳定系数应不小于1.2

B. 架桥机过孔时，应将起重小车置于对稳定最有利的位置，且抗倾覆系数应不小于1.3

C. 装配式桥梁构件在脱底模、移运、堆放和吊装就位时，设计无要求时一般不应低于设计强度的80%

D. 后张预应力混凝土构件吊装时，如设计无要求时，其孔道水泥浆强度不应低于30MPa

E. 梁、板安装施工期间及架桥机移动过孔时，严禁行人、车辆和船舶在作业区域的桥下通行

考点2　现浇预应力（钢筋）混凝土连续梁施工技术

57.【刷基础】下列关于移动模架上浇筑预应力混凝土连续梁的说法，正确的是（　　）。[单选]

A. 移动模架法施工的主要设备是一对能行走的挂篮

B. 移动模架法的模板安装后，宜采取预压方法消除拼装间隙和地基沉降等非弹性变形
C. 箱梁内、外模板滑动就位时，模板平面尺寸、高程、预拱度误差必须控制在容许范围内
D. 浇筑分段工作缝，不应设在弯矩零点附近

58. 【刷重点】采用悬臂浇筑法施工多跨预应力混凝土连续梁时，正确的浇筑顺序是（　　）。[单选]
A. 0号块→主梁节段→边跨合龙段→中跨合龙段
B. 0号块→主梁节段→中跨合龙段→边跨合龙段
C. 主梁节段→0号块→边跨合龙段→中跨合龙段
D. 主梁节段→0号块→中跨合龙段→边跨合龙段

59. 【刷重点】现浇预应力混凝土连续梁采用悬臂浇筑法施工，合龙顺序一般是（　　）。[单选]
A. 先中跨、后次跨、再边跨　　B. 先次跨、后边跨、再中跨
C. 先边跨、后次跨、再中跨　　D. 先边跨、后中跨、再次跨

60. 【刷基础】下列关于支架法现浇预应力混凝土连续梁的要求，正确的有（　　）。[多选]
A. 支架的地基承载力应符合要求
B. 安装支架时，应根据梁体和支架的弹性、非弹性变形设置预拱度
C. 支架底部应有良好的排水措施，不得被水浸泡
D. 浇筑混凝土时应采取防止支架均匀下沉的措施
E. 有简便可行的落架拆模措施

61. 【刷难点】下列关于桥梁悬臂浇筑法施工的说法，错误的有（　　）。[多选]
A. 浇筑混凝土时，宜从与前段混凝土连接端开始，最后结束于悬臂前端
B. 合龙段的长度宜为2m
C. 桥墩两侧梁段悬臂施工应对称进行
D. 合龙前，应在两端悬臂预加压重，直至施工完成后撤除
E. 连续梁的梁跨体系转换应在解除各墩临时固结后进行

62. 【刷基础】预应力混凝土连续梁，悬臂浇筑段前端底板和桥面标高的确定是连续梁施工的关键问题之一，施工过程中的监测项目为（　　）。[多选]
A. 挂篮前端的垂直变形值　　B. 预拱度值
C. 施工人员的影响　　D. 温度的影响
E. 施工中已浇筑段的实际高程

63. 【刷难点】背景资料：

某公司承建一座城市桥梁工程，该桥跨越山区季节性流水沟谷，上部结构为三跨式钢筋混凝土结构。

项目部编制的施工方案有如下内容：上部结构采用碗扣式钢管满堂支架施工方案，根据现场地形特点及施工便道布置情况，用杂土对沟谷进行一次性回填，回填高度为3m，回填后经整平碾压，并在其上进行支架搭设施工。支架搭设完成后用土袋进行堆载预压。

支架搭设完成后，项目部立即按施工方案要求的预压荷载对支架用土袋进行堆载预压，其间遇较长时间大雨，场地积水。项目部对支架预压情况进行连续监测，数据显示各点的沉降量均超过规范规定，导致预压失败。此后，项目部采取了相应整改措施，并

严格按规范规定重新开展支架施工与预压工作。[案例节选]

问题:

(1) 试分析项目部支架预压失败的可能原因。

(2) 项目部应采取哪些措施才能顺利地使支架预压成功?

第五节 桥梁桥面系及附属结构施工

考点1 桥面系统施工

64.【刷基础】在进行桥面防水层施工前，关于基层混凝土强度和平整度的说法，正确的是( )。[单选]

A. 达到设计强度的80%以上，平整度大于1.67mm/m

B. 达到设计强度的80%以上，平整度不大于1.67mm/m

C. 达到设计强度的60%以上，平整度大于1.67mm/m

D. 达到设计强度的60%以上，平整度不大于1.67mm/m

65.【刷重点】下列关于桥梁防水卷材铺设的说法，正确的是( )。[单选]

A. 防水卷材施工应先大面积铺设，再进行转角等处的局部处理

B. 铺设卷材时，局部附加层防水卷材不得少于3层

C. 卷材的展开方向应与车辆的运行方向一致

D. 自粘性防水卷材底面的隔离纸面可不撕掉

66.【刷难点】下列关于桥面防水层的说法，正确的有( )。[多选]

A. 防水卷材铺设时，搭接接头应错开300mm

B. 基层处理剂可采用喷涂法或刷涂法施工

C. 沥青混凝土摊铺温度应高于卷材的耐热度，并小于170℃

D. 涂料防水层上沥青混凝土的摊铺温度应高于防水涂料的耐热度

E. 涂料防水层上严禁直接堆放物品

67.【刷重点】下列关于防水涂料施工的说法，正确的有( )。[多选]

A. 防水涂料严禁在雨天、雪天、风力大于或等于5级时施工

B. 涂料防水层内设置的胎体增强材料，应顺桥宽方向铺贴

C. 沿胎体的长度方向搭接宽度不得小于50mm

D. 沿胎体的宽度方向搭接宽度不得小于70mm

E. 采用两层胎体增强材料时，搭接缝应错开，其间距不应小于幅宽的1/3

68.【刷基础】桥梁伸缩装置通常设置在( )。[多选]

A. 两梁端之间

B. 梁端与桥台之间

C. 梁端与支座之间

D. 桥梁的铰接位置上

E. 桥梁的固定位置上

69.【刷基础】桥梁伸缩装置按传力方式和构造特点可分为( )。[多选]

A. 对接式

B. 搭接式

C. 钢制支承式

D. 组合剪切式

E. 弹性装置

70.【刷难点】下列关于伸缩装置安装的说法，正确的有( )。[多选]

A. 核对预留槽尺寸，预埋锚固钢筋的规格、数量及位置

B. 伸缩装置安装前，按照安装时的气温调整安装时的定位值

C. 吊装就位前，将预留槽内混凝土凿毛并清扫干净

D. 预留槽混凝土强度未达到设计强度的75%时不得开放交通

E. 伸缩装置顺桥向应对称放置于伸缩缝的间隙上

考点2　桥梁附属结构施工

71. 【刷重点】预制桥头搭板安装时应在与地梁、桥台接触面铺（　　）厚水泥砂浆。[单选]

A. 5～10mm　　B. 10～20mm

C. 20～30mm　　D. 30～40mm

72. 【刷基础】下列关于隔声障加工与安装的要求，错误的有（　　）。[多选]

A. 隔声障的加工模数宜由桥梁两伸缩缝之间长度而定

B. 隔声障应与钢筋混凝土预埋件牢固连接

C. 隔声障应连续安装，不得留有间隙

D. 6级（含）以上大风时不得进行隔声障安装

E. 安装时应选择桥梁伸缩缝的中部为控制点

第六节　管涵及箱涵施工

考点1　管涵施工技术

73. 【刷基础】下列关于管涵施工技术要点的说法，错误的是（　　）。[单选]

A. 当管涵为无混凝土（或砌体）基础、管体直接设置在天然地基上时，应按照设计要求将管底土层夯压密实，并做成与管身弧度密贴的弧形管座

B. 当管涵设计为混凝土基础时，基础上面可不设混凝土管座

C. 管涵的沉降缝应设在管节接缝处

D. 管涵进出水口的沟床应整理直顺，与上下游导流排水系统连接顺畅、稳固

74. 【刷重点】下列关于拱形涵、盖板涵施工技术要点的说法，正确的有（　　）。[多选]

A. 依据道路施工流程可采取整幅施工或分幅施工

B. 拱圈和拱上端墙应由中间向两侧同时、对称施工

C. 涵洞两侧的回填土，应在主结构防水层的保护层完成，且保护层砌筑砂浆强度达到3MPa后方可进行

D. 回填土时，两侧应对称进行，高差不宜超过300mm

E. 遇有地下水时，应先将地下水降至基底以下300mm方可施工

考点2　箱涵顶进施工技术

75. 【刷重点】关于箱涵顶进工艺流程，说法正确的是（　　）。[单选]

A. 工作坑开挖→工程降水→后背制作→滑板制作→铺设润滑隔离层

B. 工程降水→工作坑开挖→滑板制作→后背制作→铺设润滑隔离层

C. 箱涵制作→顶进设备安装→既有线加固→箱涵试顶进→吃土顶进

D. 箱涵制作→既有线加固→顶进设备安装→箱涵试顶进→吃土顶进

76. 【刷难点】下列关于箱涵顶进施工的说法，错误的有（　　）。[多选]

A. 慢速列车通过时，可进行挖土作业

B. 箱涵顶进应尽可能避开雨期

C. 用机械挖土，每次开挖进尺1.0m

D. 开挖面的坡度不得大于1：0.5

E. 箱涵身每前进一顶程，应观测轴线和高程，发现偏差及时纠正

第七节　城市桥梁工程安全质量控制

考点1　城市桥梁工程安全技术控制要点

77. 【刷基础】预制混凝土桩起吊时的强度应符合设计要求，设计无要求时，混凝土强度应不小于设计强度的（　　）以上。[单选]

A. 90%　　B. 80%　　C. 75%　　D. 70%

78. 【刷重点】箱涵顶进在穿越铁路路基时，在土质条件差、地基承载力低、开挖面土壤含水量高，铁路列车不允许限速的情况下，可采用（　）方法。[单选]

A. 调轨梁　　B. 纵横梁加固

C. 低高度施工便梁　　D. 钢板脱壳

79. 【刷重点】混凝土桩制作时，关于钢筋和加工成型的钢筋笼码放的说法，正确的有（　　）。[多选]

A. 钢筋整捆码垛高度不宜超过3m　　B. 钢筋散捆码垛高度不宜超过2m

C. 加工成型的钢筋笼应水平放置　　D. 钢筋笼码放高度不得超过2m

E. 钢筋笼码放层数不宜超过3层

80. 【刷重点】下列关于箱涵顶进施工作业安全措施的说法，正确的有（　　）。[多选]

A. 施工现场应实行封闭管理

B. 在列车运行间隙或避开交通高峰期开挖和顶进

C. 列车通过时，严禁挖土作业

D. 箱涵顶进过程中，非施工人员不得在顶铁、顶柱布置区内停留

E. 当液压系统发生故障时，严禁在工作状态下检查和调整

考点2　城市桥梁工程质量控制要点

81. 【刷重点】下列选项中，不属于支座施工主控项目的是（　　）。[单选]

A. 支座锚栓的埋置深度和外露长度

B. 支座垫石顶面高程

C. 支座的粘结灌浆和润滑材料

D. 支座顶面高程

82. 【刷基础】桩顶混凝土灌注完成后，桩顶应高出设计标高（　　）。[单选]

A. 0.3～0.5m　　B. 0.3～0.8m

C. 0.5～1.0m　　D. 0.8～1.0m

83. 【刷难点】下列关于现浇混凝土箱梁在混凝土施工各阶段温度控制的说法，正确的是（　　）。[单选]

A. 混凝土浇筑完毕后，在初凝后宜立即进行覆盖或喷雾养护工作

B. 大体积混凝土保湿养护时间不宜少于7d

C. 采用覆盖保温时，混凝土内外温差小于10℃

D. 混凝土拆模时，混凝土表面温度与外界气温的温差不超过20℃

84. 【刷重点】下列关于预应力钢绞线管道压浆与封锚的说法，错误的是（　　）。[单选]
A. 压浆使用的水泥浆强度不得低于 30MPa
B. 孔道真空负压稳定保持在 0.1MPa 以上
C. 压浆时排气孔、排水孔应有水泥浓浆溢出
D. 压浆后应及时浇筑封锚混凝土

85. 【刷重点】造成钻孔灌注桩塌孔与缩径的主要原因有（　　）。[多选]
A. 地层复杂
B. 钻进速度过快
C. 护壁泥浆性能差
D. 成孔后没有及时灌注混凝土
E. 孔底沉渣过厚

86. 【刷重点】水下桩身混凝土施工时，造成混凝土夹渣或断桩的主要原因有（　　）。[多选]
A. 初灌混凝土量不够
B. 混凝土灌注时间太短
C. 混凝土初凝时间太短
D. 灌注时间控制在 1.5 倍初凝时间内
E. 混凝土离析

87. 【刷基础】下列关于大体积混凝土贯穿裂缝的说法，正确的有（　　）。[多选]
A. 由混凝土表面裂缝发展形成
B. 对混凝土强度影响较大
C. 对结构整体性影响较大
D. 对结构稳定性影响较大
E. 对结构危害性较大

88. 【刷重点】大体积承台混凝土施工时，应采取（　　）等措施优化混凝土配合比。[多选]
A. 优先采用水化热较低的水泥
B. 充分利用混凝土的中后期强度，尽可能降低水泥用量
C. 严格控制骨料的级配及其含泥量
D. 控制好混凝土坍落度，不宜过大
E. 可适量增加砂、砾石

89. 【刷重点】下列关于大体积混凝土浇筑质量控制措施的说法，正确的有（　　）。[多选]
A. 混凝土宜采用泵送方式和二次振捣工艺
B. 采用水化热低的水泥
C. 采用内部降温法来降低混凝土内外温差
D. 整体连续浇筑时，混凝土的浇筑层厚度可以为 600mm
E. 层间间歇时间不应大于混凝土初凝时间

考点 3　城市桥梁工程季节性施工措施

90. 【刷基础】高温期施工时，混凝土的入模温度应控制在（　　）以下。[单选]
A. 10℃
B. 20℃
C. 25℃
D. 30℃

91. 【刷重点】下列关于混凝土冬期施工的说法，正确的有（　　）。[多选]
A. 冬期施工应采用硅酸盐水泥或普通硅酸盐水泥配制混凝土
B. 冬期混凝土宜选用较小的水胶比和较小的坍落度
C. 拌制混凝土应优先选用加热水的方法
D. 混凝土分层浇筑的厚度不得大于 20cm
E. 混凝土拌合物入模温度不宜低于 20℃

[选择题] 参考答案

1. B	2. D	3. C	4. D	5. D	6. ABC
7. ABCE	8. C	9. C	10. BC	11. BE	12. ADE
13. D	14. B	15. C	16. AE	17. CDE	18. B
19. D	20. C	21. CDE	22. D	23. D	24. A
25. D	26. A	27. B	28. ACD	29. ACD	30. BCE
31. ABE	32. BCD	33. —	34. C	35. C	36. D
37. CDE	38. C	39. C	40. A	41. D	42. B
43. ACE	44. ADE	45. AD	46. —	47. D	48. ABD
49. A	50. BCD	51. B	52. ACDE	53. C	54. A
55. C	56. DE	57. C	58. A	59. C	60. ABCE
61. AD	62. ABE	63. —	64. B	65. C	66. BCE
67. AE	68. ABD	69. ACDE	70. ABCE	71. C	72. DE
73. B	74. ACD	75. C	76. ACD	77. C	78. C
79. CDE	80. ABCE	81. D	82. C	83. D	84. B
85. ABCD	86. AC	87. ACDE	88. ABCD	89. ABCE	90. D
91. ABC					

[案例节选] 参考答案

33. (1) 图中结构属于先张法。

(2) A构件为固定横梁，B构件为连接器，C构件为承力架。

(3) 连接器的作用是张拉时连接预应力筋与张拉固定端部，当混凝土强度养护至75%时进行放张。

46. (1) A——护筒；B——沉淀池；C——泥浆池（泥浆）。

(2) 护筒作用：稳定孔壁、防止坍孔，隔离地表水、保护孔口地面、固定桩孔位置、钻头导向。

护筒埋设深度要求：顶面宜高出施工水位或地下水位2m，并宜高出施工地面0.3m。其高度尚需满足孔内泥浆面高度要求。

(3) 泥浆的作用：悬浮钻渣、润滑钻具、冷却钻头、增大静水压力，在孔壁形成泥皮，隔断孔内外渗流，防止坍孔。

63. (1) 项目部支架预压失败的可能原因：

①场地回填杂填土，未按要求进行分层填筑、碾压密实，导致基础（地基）承载力不足。

②场地未设置排水沟等排水、隔水措施，场地积水，导致基础（地基）承载力下降。

③未按规范要求进行支架基础预压。

④受雨天影响，预压土袋吸水增重（或预压荷载超重）。

（2）支架预压成功应采取的措施：

①杂填土分层填筑、碾压密实，提高场地基础（地基）承载力，可采取换填及混凝土垫层硬化等处理措施。

②在场地四周设置排水沟等排水设施，确保场地排水畅通，不得积水。

③进行支架基础预压。

④加载材料应有防水（雨）措施，防止被水浸泡后引起加载重量变化（或超重）。

学习总结

第三章 城市隧道工程

第一节 施工方法与结构形式

考点1 城市隧道工程施工方法

1. 【刷基础】下列地铁车站施工方法中，具有施工作业面多、速度快、工期短等优点的是（　　）。[单选]

A. 明挖法　　B. 盖挖法
C. 新奥法　　D. 浅埋暗挖法

2. 【刷基础】适用于结构埋置较浅、地面建筑物密集、交通量大、对地面沉降要求严格的城区地铁隧道施工方法为（　　）。[单选]

A. 明挖法　　B. 喷锚暗挖法
C. 盖挖法　　D. 盾构法

3. 【刷基础】下列地铁车站施工顺序中，属于盖挖逆作法的是（　　）。[单选]

A. 先从地表面由上向下开挖基坑至设计标高，再由下向上施工主体结构
B. 施作棚盖结构后向下开挖基坑至设计标高，再由下而上施工主体结构
C. 施作结构盖板后，再自上而下完成土方开挖和施工主体结构
D. 分块施作结构盖板后向下开挖基坑至设计标高，再由下而上建造主体结构

4. 【刷重点】浅埋暗挖法的“十八字”原则为（　　）。[单选]

A. 管超前、严注浆、长开挖、强支护、快封闭、勤量测
B. 管超前、强注浆、短开挖、严支护、快封闭、勤量测
C. 管超前、强注浆、长开挖、严支护、快封闭、勤量测
D. 管超前、严注浆、短开挖、强支护、快封闭、勤量测

5. 【刷基础】地铁车站通常由车站主体及（　　）组成。[多选]

A. 出入口及通道　　B. 通风道
C. 风亭　　D. 冷却塔
E. 轨道及道床

6. 【刷重点】下列关于浅埋暗挖法施工步骤和适用条件的说法，正确的有（　　）。[多选]

A. 先将小导管或管棚打入地层，然后注入水泥或化学浆液加固地层
B. 再进行短进尺开挖，在土层或不稳定岩体中每循环在1.0～1.5m
C. 施作初期支护，即可完成二次衬砌
D. 浅埋暗挖法不允许带水作业
E. 采用浅埋暗挖法要求开挖面具有一定的自立性和稳定性

考点2 城市隧道结构形式

7. 【刷基础】某地铁区间隧道，位于含水量大的粉质细砂层，地面沉降控制严格，且不具备降水条件，宜采用（　　）施工。[单选]

A. 浅埋暗挖法　　B. 明挖法
C. 盾构法　　D. 盖挖法

8. 【刷基础】喷锚暗挖法施工隧道的复合式衬砌结构中的主要承载单元是（　　）。[单选]
A. 初期支护　　B. 防水隔离层
C. 二次衬砌　　D. 围岩

9. 【刷重点】下列关于喷锚暗挖法施工隧道支护的说法，正确的有（　　）。[多选]
A. 由初期支护和二次衬砌共同承担基本荷载
B. 初期支护要刚度大，支护要及时
C. 初期支护允许变形小
D. 初期支护从上往下施工，二次衬砌从下往上施工
E. 二次衬砌在初期支护完成后立即施工

10. 【刷重点】采用浅埋暗挖法开挖作业时，其总原则有（　　）。[多选]
A. 预支护、预加固一段，开挖一段
B. 开挖一段，支护一段
C. 支护一段，开挖一段
D. 封闭成环一段，支护一段
E. 支护一段，封闭成环一段

11. 【刷难点】下列关于盾构法施工隧道存在问题的说法，正确的有（　　）。[多选]
A. 当隧道曲线半径过小时，施工较为困难
B. 隧道的施工费用受覆土量多少影响
C. 风雨等气候条件影响隧道施工
D. 隧道穿过河底或其他建筑物时，影响航运通行、建（构）筑物正常使用
E. 对于结构断面尺寸多变的区段适应能力较差

第二节　地下水控制

考点1　地下水控制方法

12. 【刷重点】下列关于基坑降水的说法，正确的是（　　）。[单选]
A. 采用隔水帷幕的工程应在围合区域外侧设置降水井
B. 基坑范围内地下水位应降至基础垫层以下不小于1m
C. 应根据孔口至设计降水水位来确定单、多级真空井点降水方式
D. 施工降水可直接排入污水管网

13. 【刷基础】适用于淤泥、淤泥质土、黏性土、粉土，对土层适应性较差，多应用于软土地区的隔水帷幕的施工方法是（　　）。[单选]
A. 高压喷射注浆法　　B. 注浆法
C. 水泥土搅拌法　　D. 钢板桩

14. 【刷重点】某基坑嵌入式隔水帷幕采用搅拌桩结构，则其与围护结构施工工序应为（　　）。[单选]
A. 先帷幕桩、后支护结构
B. 先支护结构、后帷幕
C. 支护结构与帷幕同时
D. 先非加筋桩、后加筋桩

15. 【刷重点】基坑开挖时，用于粉土地层降水深度能够达到10m以上的降水方法

有（　　）。[多选]

A. 集水明排
B. 单级真空井点
C. 多级真空井点
D. 喷射井点
E. 管井

考点2 地下水控制施工技术

16. 【刷重点】下列关于真空井点布设的说法，错误的是（　　）。[单选]

A. 当真空井点孔口至设计降水水位的深度不超过12.0m时，宜采用单级真空井点
B. 多级井点上下级高差宜取4.0～5.0m
C. 井点间距宜为0.8～2.0m
D. 降水区域四角位置井点宜加密

17. 【刷重点】下列关于降水系统平面布置的规定，正确的有（　　）。[多选]

A. 面状降水工程降水井点宜沿降水区域周边呈封闭状均匀布置
B. 线状、条状降水工程，两端应外延0.5倍围合区域宽度布置降水井
C. 对于多层含水层降水宜分层布置降水井点
D. 在运土通道出口两侧应增设降水井
E. 在地下水补给方向，降水井点间距可适当减小

18. 【刷难点】下列关于基坑（槽）内集水明排的说法，正确的有（　　）。[多选]

A. 对地表汇水、降水井抽出的地下水可采用明沟或盲沟排水
B. 对坡面渗水宜采用渗水部位插打导水管引至排水沟的方式排水
C. 集水井深度应大于排水沟深度0.5m
D. 沿排水沟宜每隔30～50m设置一口集水井
E. 排水沟的深度和宽度应根据基坑排水量确定，坡度宜为0.1%～0.5%

19. 【刷难点】下列关于真空井点成孔与施工安装的说法，错误的有（　　）。[多选]

A. 易塌孔缩孔的松软地层宜采用泥浆钻进、高压水套管冲击钻进
B. 成孔直径应满足填充滤料的要求，且不宜大于300mm
C. 井点管的成孔达到设计孔深后，应立即安放井点管
D. 井点管安装到位后，向孔内投放的滤料粒径宜为0.4～0.6mm
E. 滤料填至地面以下1～2m后应用中粗砂填满压实

第三节　明挖法施工

考点1 基槽土方开挖及护坡技术

20. 【刷重点】下列关于基坑土方开挖方法的说法，正确的是（　　）。[单选]

A. 地铁车站端头井，首先挖斜撑范围内土方
B. 坑底以上0.5m的土方采用人工开挖
C. 长条基坑遵循“分段分层、由上而下、先支撑后开挖”
D. 兼作盾构始发井的车站，一般从中间向两端开挖

21. 【刷基础】某地铁车站结构断面较大，挖深达15m。下列选项中，分层开挖顺序正确的是（　　）。[单选]

A. 开挖周边土台→开挖中间部分土方→逐步形成支撑→挖除角部土方→形成角撑

B. 挖除角部土方→形成角撑→开挖周边土台→开挖中间部分土方→逐步形成支撑

C. 开挖中间部分土方→开挖周边土台→逐步形成支撑→挖除角部土方→形成角撑

D. 开挖中间部分土方→逐步形成支撑→挖除角部土方→形成角撑→开挖周边土台

22. 【刷重点】基槽土方开挖过程中，应立即停止开挖、查清原因和及时采取措施后，方可继续施工的情况有（　　）。[多选]

A. 支护结构变形速率持续增长且不收敛

B. 支护结构的内力突然增大

C. 边坡出现失稳征兆

D. 基坑周边建（构）筑物等出现微小变形

E. 围护结构发生异常声响

23. 【刷难点】下列关于基坑放坡的说法，正确的有（　　）。[多选]

A. 当基坑边坡土体中的剪应力大于土体的抗拉强度时，边坡就会失稳坍塌

B. 条件许可时，应优先采取坡率法控制边坡的高度和坡度

C. 按是否设置分级过渡平台，可分为一级放坡和分级放坡

D. 上级放坡坡度宜缓于下级放坡坡度

E. 分级放坡时，宜设置分级过渡平台

24. 【刷基础】基坑放坡开挖时应及时做好坡面、坡脚的防护措施，常用的防护措施有（　　）。[多选]

A. 水泥砂浆或细石混凝土抹面

B. 挂网喷浆或混凝土

C. 锚杆喷射混凝土护面

D. 叠放砂包或土袋

E. 防水砂浆抹面

考点2 基坑支护施工

25. 【刷基础】当基坑所处场地环保要求高，需要封闭地下水时，基坑内被动区加固形式宜采用（　　）。[单选]

A. 墩式加固

B. 裙边加固

C. 格栅式加固

D. 满堂加固

26. 【刷基础】在软土基坑地基加固方式中，基坑面积较大时宜采用（　　）。[单选]

A. 墩式加固

B. 裙边加固

C. 抽条加固

D. 格栅式加固

27. 【刷重点】下列关于各种注浆法适用范围的说法，错误的是（　　）。[单选]

A. 渗透注浆只适用于中砂以上的砂性土和有裂隙的岩石

B. 劈裂注浆适用于渗透系数 $k<10^{-4}$cm/s、靠静压力难以注入的土层

C. 压密注浆常用于中砂地基，黏土地基中若有适宜的排水条件也可采用

D. 压密注浆如遇地层排水困难时，就必须降低注浆速率

28. 【刷重点】单管法高压喷射注浆中，喷射的介质是（　　）。[单选]

A. 高压水流和水泥浆液

B. 高压水泥浆液和压缩空气

C. 高压水泥浆液

D. 高压水流、压缩空气及水泥浆液

29. 【刷重点】在明挖基坑内进行地基加固的目的有（　　）。[多选]

A. 止水
B. 减少围护结构承受的主动土压力
C. 减少围护结构位移
D. 防止坑底土体隆起破坏
E. 弥补围护结构插入深度不足

30. 【刷难点】下列关于水泥土搅拌法加固地基的说法，正确的有（　　）。[多选]

A. 适用于加固硬塑黏性土等地基
B. 加固土有止水要求时，宜采用粉体喷射搅拌法施工
C. 最大限度地利用原土
D. 对周围原有建筑物影响较大
E. 加固形式可采用柱状、壁状、格栅状和块状

考点3 深基坑支护结构与变形控制

31. 【刷基础】刚度小，变形大，与多道支撑结合，在软弱土层中也可采用的围护结构是（　　）。[单选]

A. 预制混凝土板桩
B. 钢板桩
C. 灌注桩
D. 地下连续墙

32. 【刷基础】桩间采用槽榫接合方式，接缝效果较好，使用最多的一种钢筋混凝土板桩的截面形式为（　　）。[单选]

A. 矩形
B. T 形
C. 工字型
D. 口字型

33. 【刷重点】地下连续墙的施工工序不包括（　　）。[单选]

A. 导墙施工
B. 槽底清淤
C. 吊放钢筋笼
D. 拔出型钢

34. 【刷重点】下列关于地下连续墙优点的说法，错误的是（　　）。[单选]

A. 施工振动小，噪声低
B. 适用于多种土层，包括夹有大颗粒卵砾石等局部障碍物的土层
C. 墙体刚度大
D. 对周边地层扰动小

35. 【刷基础】某地铁车站结构采用地下连续墙作为基坑围护结构，需要与主体结构外墙共同受力，（　　）时宜选择刚性接头。[单选]

A. 墙顶设置通长冠梁
B. 与主体结构外墙形成整体墙体
C. 墙内接缝位置设结构壁柱
D. 围护墙分段跳槽浇筑

36. 【刷基础】基坑围护墙体的竖向变位会带来一些危害，下列选项中，不属于墙体竖向变位带来的危害的是（　　）。[单选]

A. 地表沉降
B. 墙体的稳定性
C. 坑底隆起
D. 基坑的稳定

37. 【刷重点】下列关于预制混凝土板桩特点的说法，正确的有（　　）。[多选]
A. 刚度小，变形大，与多道支撑结合，在软弱土层中也可采用
B. 矩形截面板桩间采用槽榫接合方式，接缝效果较好，有时需辅以止水措施
C. 自重大，受起吊设备限制，不适合大深度基坑
D. 施工较为困难，对机械要求高，而且挤土现象很严重
E. 施工简便，但施工有噪声

38. 【刷重点】下列关于钢板桩特点的说法，错误的有（　　）。[多选]
A. 一般最大开挖深度在7～8m
B. 需有防水措施相配合
C. 成品制作，可反复使用
D. 截面刚度大于钢管桩
E. 钢板桩常用的断面形式多为U形或Z形

39. 【刷难点】下列围护结构中，（　　）不需要配合止水帷幕使用。[多选]
A. 钢板桩
B. 钢管桩
C. SMW工法桩
D. 钻孔灌注桩
E. 地下连续墙

40. 【刷基础】下列关于地下连续墙特点的说法，正确的有（　　）。[多选]
A. 刚度大、强度大
B. 适用于所有地层
C. 隔水性好
D. 导墙结构对地基无特殊要求
E. 可兼作为主体结构的一部分

41. 【刷重点】当地下连续墙作为主体结构一部分时，可选择的接头形式有（　　）。[多选]
A. 锁口管
B. 工字钢
C. 十字钢板
D. 波纹管
E. 钢筋承插

42. 【刷重点】下列关于地下连续墙的导墙作用的说法，错误的有（　　）。[多选]
A. 控制挖槽精度
B. 承重
C. 存蓄泥浆
D. 提高墙体的刚度
E. 保证墙壁的稳定

43. 【刷重点】下列关于基坑内支撑体系施工的说法，错误的有（　　）。[多选]
A. 必须坚持先开挖后支撑的原则
B. 围檩与围护结构间的间隙可以用强度C25的细石混凝土填充密实
C. 当监测到预应力出现损失时，应再次施加预应力
D. 支撑拆除应在替换支撑的构件达到换撑要求的承载力后进行
E. 内支撑结构拆除可选择人工、机械、爆破等方法

44. 【刷重点】下列选项中，属于稳定深基坑坑底的方法有（　　）。[多选]
A. 增加支撑刚度
B. 增加围护结构入土深度
C. 加固坑底土体
D. 采用降压井降水

E. 适时施作底板结构

45. 【刷难点】背景资料：

某施工单位中标承建过街地下通道工程，周边地下管线较复杂。设计采用明挖基坑法施工，隧道基坑总长80m，宽12m，开挖深度10m，基坑围护结构采用SMW工法桩；基坑沿深度方向设有2道支撑，其中第一道支撑为钢筋混凝土支撑，第二道支撑为钢管支撑，如图1-4所示。

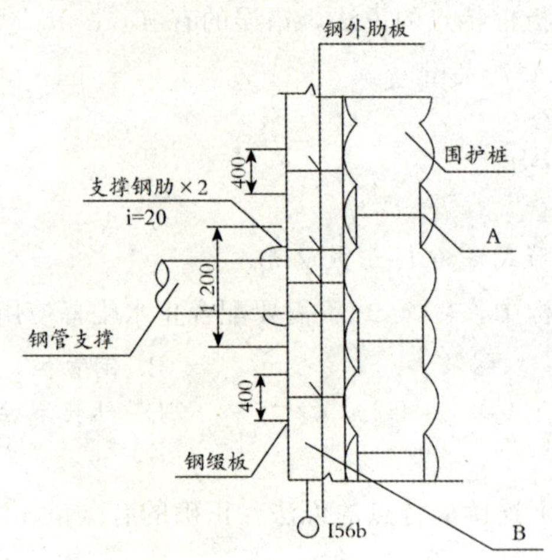

图 1-4 钢管支撑

施工方案中SMW工法桩的工序为：①→设置导向定位钢板→SMW搅拌机定位→混合搅拌→④→施工完毕→⑥。[案例节选]

问题：

(1) 给出图中A、B构（部）件的名称，并分别简述其功用。

(2) 根据两类支撑的特点分析围护结构设置不同类型支撑的理由。

(3) 补充序号代表的工序名称。

(4) 列出基坑围护结构施工的大型工程机械设备。

第四节 浅埋暗挖法施工

考点1 浅埋暗挖法施工方法

46. 【刷基础】适用于一般土质或易坍塌的软弱围岩、断面较大的隧道施工，是城市第四纪软土地层浅埋暗挖法最常用的一种标准掘进方式是（　　）。[单选]

A. 台阶法　　B. 环形开挖预留核心土法

C. 单侧壁导坑法　　D. 中隔壁法

47. 【刷基础】在喷锚暗挖法施工中，开挖断面分块多，但在施工期间变形几乎不发展、施工较为安全、速度较慢、成本较高的施工方法是（　　）。[单选]

A. 环形开挖预留核心土法　　B. CRD法

C. 单侧壁导坑法　　D. 双侧壁导坑法

48. 【刷重点】下列关于隧道双侧壁导坑法施工的说法，错误的是（　　）。[单选]

A. 地表沉陷要求严格，围岩条件特别差时可采用

B. 导坑宽度不宜超过跨度的 1/3

C. 两侧导坑应同时施工

D. 施工速度较慢，成本较高

49. 【刷基础】下列喷锚暗挖掘进方式中，结构防水效果差的是（　　）。[单选]

A. 正台阶法　　B. 侧洞法

C. 中隔壁法　　D. 单侧壁导坑法

50. 【刷难点】下列开挖方法中，初期支护拆除量大的方法有（　　）。[多选]

A. CRD 法　　B. CD 法

C. 单侧壁导坑法　　D. 中洞法

E. 侧洞法

考点 2 工作井施工技术

51. 【刷基础】锁口圈梁混凝土强度达到设计强度的（　　）及以上，方可向下开挖竖井。[单选]

A. 50%　　B. 70%

C. 75%　　D. 80%

52. 【刷重点】下列关于隧道工程中马头门施工要求的说法，错误的有（　　）。[多选]

A. 破除竖井井壁顺序，宜先侧墙、再拱部、最后底板

B. 马头门标高不一致时，宜遵循“先低后高”的原则

C. 一侧掘进 10m 后，可开启另一侧马头门

D. 马头门处隧道应密排三榀格栅钢架

E. 施工中严格贯彻“管超前、严注浆、短开挖、强支护、勤量测、早封闭”的十八字方针

考点 3 浅埋暗挖法施工技术

53. 【刷基础】下列关于暗挖隧道内加固支护技术的说法，错误的是（　　）。[单选]

A. 喷射混凝土应采用早强混凝土

B. 选用具有碱活性的集料

C. 格栅拱架“8”字筋间距不得大于 50mm

D. 混凝土一次喷射厚度宜为：边墙 70～100mm，拱部 50～60mm

54. 【刷重点】暗挖隧道内常用的支护与加固技术措施有（　　）。[多选]

A. 围岩深孔注浆　　B. 设置临时仰拱

C. 地表锚杆加固　　D. 地表注浆加固

E. 管棚超前支护

55. 【刷基础】下列关于复合式衬砌防水层施工的说法，错误的是（　　）。[单选]

A. 复合式衬砌防水层施工应优先选用射钉铺设

B. 防水层施工时喷射混凝土表面应平顺，不得留有锚杆头或钢筋断头

C. 衬砌施工缝和沉降缝的止水带不得有割伤、破裂，固定应牢固

D. 铺设防水层地段距开挖面不应大于爆破安全距离

56. 【刷重点】下列关于喷锚暗挖法二衬混凝土施工的说法，错误的有（ ）。[多选]

A. 可采用补偿收缩混凝土

B. 可采用组合钢模板体系和模板台车两种模板体系

C. 对模板及支撑结构进行验算，以保证其具有足够的强度、刚度和稳定性

D. 混凝土应两侧对称，水平浇筑，可设置水平和倾斜接缝

E. 混凝土浇筑采用泵送模筑，两侧边墙采用附着式振捣器振捣，底部采用插入式振捣器振捣

57. 【刷难点】背景资料：

某公司承建一条城市隧道，设计采用浅埋暗挖法进行施工。该段隧道施工时，复合式衬砌横断面示意图如图 1-5 所示，采用锚杆-钢筋网喷射混凝土支护形式，结合超前小导管作为超前支护措施，二次衬砌采用灌注混凝土，初期支护与二次衬砌之间铺设防水层。[案例节选]

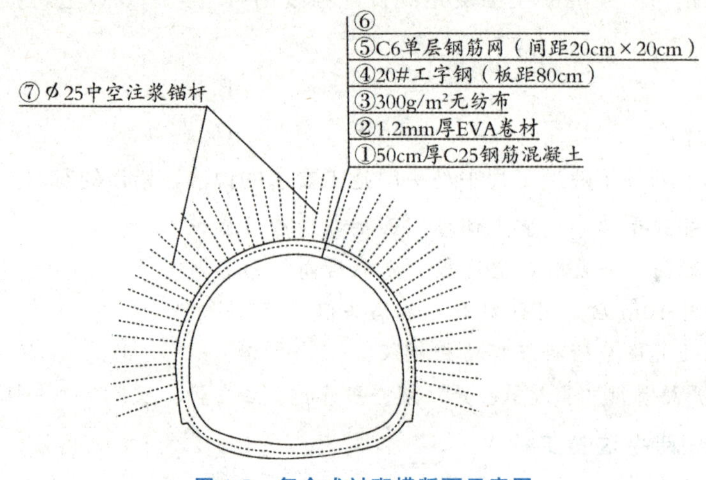

图 1-5　复合式衬砌横断面示意图

问题：

写出结构层⑥的名称，并写出初期支护、防水层、二次衬砌分别由哪几部分组成？（只需写出相应的编号）

58. 【刷基础】砂层中进行小导管施工应选择的浆液形式为（ ）。[单选]

A. 普通水泥单液浆　　B. 超细水泥

C. 改性水玻璃浆　　D. 水泥-水玻璃双液浆

59. 【刷重点】下列关于超前小导管注浆施工的说法，正确的有（ ）。[多选]

A. 在砂卵石地层中宜采用挤压注浆法

B. 在黏土层中宜采用劈裂或电动硅化注浆法

C. 在砂层中宜采用电动硅化注浆法

D. 劈裂法注浆压力应大于 0.5MPa

E. 注浆速度应不大于 30L/min

60. 【刷基础】浅埋暗挖法施工时，处于砂砾地层，并穿越既有铁路，宜采用的辅助施工方

法是（ ）。[单选]

A. 地面砂浆锚杆　　B. 小导管注浆加固

C. 管棚超前支护　　D. 降低地下水位

61. 【刷重点】下列关于管棚施工的说法，正确的有（ ）。[多选]

A. 适用于软弱地层和特殊困难地段，并对地层变形有严格要求的工程

B. 钢管间距宜为 300～500mm

C. 钻孔直径应比设计管棚直径大 30～40mm

D. 钻孔顺序应由低孔位向高孔位进行

E. 管棚中的钢管内应灌注水泥浆或水泥砂浆

62. 【刷难点】背景资料：

某隧道工程采用管棚预支护方式。施工方案中管棚施工程序为测放孔位→钻机就位→水平钻孔→A→注浆（向钢管内或管周围土体）→B→开挖。[案例节选]

问题：

（1）补全管棚施工程序中缺少的工序。

（2）说明注浆工作应如何进行。

第五节　城市隧道工程安全质量控制

考点 1　城市隧道工程安全技术控制要点

63. 【刷基础】开工前，由（ ）召开工程范围内有关地上建（构）筑物、地下管线、人防、地铁等设施管理单位的调查配合会。[单选]

A. 城市主管部门　　B. 施工单位

C. 建设单位　　D. 监理单位

64. 【刷基础】调查基坑开挖范围内及影响范围内的各种管线，需要掌握管线的（ ）等。[多选]

A. 埋深　　B. 施工年限

C. 使用状况　　D. 位置

E. 具体产权单位

考点 2　城市隧道工程质量控制要点

65. 【刷重点】下列关于喷射混凝土施工技术的说法，错误的是（ ）。[单选]

A. 喷射应分段、分层进行

B. 喷头应保持垂直于工作面

C. 喷射顺序由上而下

D. 应在前一层混凝土终凝后喷下一层

66. 【刷重点】下列关于地铁车站主体混凝土结构工程施工的说法，正确的有（ ）。[多选]

A. 混凝土初凝后及时养护

B. 垫层混凝土养护期不得少于 7d

C. 结构混凝土养护期不得少于7d

D. 结构混凝土养护期不得少于14d

E. 顶板混凝土由结构中间向边墙、中墙方向灌注

67. 【刷基础】下列选项中，属于基坑回填质量验收主控项目的有（　　）。[多选]

A. 回填土的强度

B. 回填土的含水率

C. 回填压实后的厚度不应大于0.5m

D. 分段回填接槎处，已填土坡应挖台阶的宽度不应小于1.0m

E. 结构两侧应水平、对称同时填压

68. 【刷重点】下列关于地铁车站二次衬砌施工的说法，正确的有（　　）。[多选]

A. 模板支架预留沉落量为10～30mm

B. 混凝土应从下向上浇筑

C. 混凝土浇筑时，振捣器不得触及防水层

D. 泵送混凝土坍落度应为150～180mm

E. 仰拱混凝土强度达到10MPa，人员方可通行

[选择题] 参考答案

1. A	2. B	3. C	4. D	5. ABCD	6. ADE
7. C	8. A	9. BCD	10. ABE	11. AE	12. C
13. D	14. A	15. CDE	16. A	17. ACDE	18. BDE
19. CE	20. C	21. C	22. ABCE	23. BCE	24. ABCD
25. D	26. B	27. B	28. C	29. CDE	30. CE
31. B	32. A	33. D	34. B	35. B	36. C
37. BCD	38. BD	39. ACE	40. ABCE	41. CE	42. DE
43. AB	44. BCDE	45. —	46. B	47. D	48. C
49. B	50. ADE	51. B	52. AC	53. B	54. ABE
55. D	56. DE	57. —	58. C	59. BE	60. C
61. ABCE	62. —	63. C	64. ABCD	65. C	66. BD
67. BDE	68. ABCD				

［案例节选］参考答案

45.（1）A——内插 H 型钢；内插 H 型钢与水泥土搅拌墙形成劲性复合结构，起到增加 SMW 抗剪抗弯强度和韧性的作用。

B——围檩；围檩将围护结构连成整体，收集围护结构应力传递到支撑，避免支撑部位应力集中。

（2）①混凝土支撑强度高，刚度大，变形小，安全度高，同时其施工工期长，故仅在变形较大的第一道支撑处设置。

②钢支撑，安装和拆除方便，同时，可以周转使用，故在第二道采用钢支撑。

（3）①——开挖导沟；④——插入型钢；⑥——型钢回收。

（4）基坑围护结构施工的大型工程机械设备有：打（拔）桩机、三轴水泥土搅拌机、混凝土运输车及泵车、挖掘机、吊车、装载机等。

57.（1）结构层⑥——喷射混凝土。

（2）初期支护由④⑤⑥⑦组成；防水层由②③组成；二次衬砌由①组成。

62.（1）A——压入钢管；B——封口。

（2）注浆应采用分段注浆方法，浆液能充分填充至围岩内。注浆压力达到设定压力并稳压 5min 以上，注浆量达到设计注浆量的 80％时，方可停止注浆。

学习总结

第四章 城市管道工程

第一节 城市给水排水管道工程

考点1 开槽管道施工方法

1. 【刷基础】当设计无要求时，可按经验公式 $B=D_0+2\times(b_1+b_2+b_3)$ 确定沟槽底部开挖宽度，其中 D_0 为（　　）。[单选]

A. 管直径　　B. 管外径　　C. 管内径　　D. 管壁厚

2. 【刷基础】下列关于管道开槽施工中槽底开挖宽度的说法，正确的是（　　）。[单选]

A. 管道外径增大，管道一侧的工作面宽度一定增大
B. 同管径下，柔性接口比刚性接口所需工作面宽度小
C. 化学建材管道比混凝土管道工作面宽度小
D. 沟槽土质越好，槽底开挖宽度越小

3. 【刷重点】下列关于沟槽开挖的说法，正确的是（　　）。[单选]

A. 机械开挖时，可以直接挖至槽底高程
B. 槽底被水浸泡后，不宜采用石灰土回填
C. 每层人工开挖槽沟的深度不超过 2m
D. 人工放坡开挖多层沟槽的层间留台宽度不应小于 0.5m

4. 【刷基础】开槽管道施工，排水不良造成地基土扰动时，扰动深度在 300mm 以内，但下部坚硬，宜填（　　）。[单选]

A. 卵石或砂砾　　B. 卵石或块石
C. 级配砾石或级配碎石　　D. 天然级配砂石或砂砾

5. 【刷重点】下列关于沟槽开挖的说法，错误的有（　　）。[多选]

A. 机械开挖时槽底预留 200～300mm 土层，由人工开挖至设计高程
B. 无论土质如何，槽壁必须垂直
C. 槽底扰动土层为湿陷性黄土时，宜采用石灰土回填
D. 槽底土层为杂填土时，应碾压夯实
E. 在沟槽边坡稳固后设置供施工人员上下沟槽的安全梯

6. 【刷重点】下列关于沟槽支护的说法，错误的有（　　）。[多选]

A. 撑板支撑应随挖土及时安装
B. 在软土层采用横排撑板支撑时，开始支撑的沟槽开挖深度不得超过 1.5m
C. 开挖与支撑交替的深度宜为 0.4～0.8m
D. 每根横梁可设置一根支撑
E. 拆除撑板应配合回填交替进行

考点2 不开槽管道施工方法

7. 【刷基础】市政工程不开槽管道施工，适用于管道直径 3 000mm 以上，施工速度快且距离较长的方法是（　　）。[单选]

A. 顶管法　　B. 夯管法　　C. 水平定向钻法　　D. 盾构法

8. 【刷重点】适用管径 800mm 的不开槽施工方法有（　　）。[多选]
   A. 盾构法　　B. 定向钻法
   C. 密闭式顶管法　　D. 夯管法
   E. 浅埋暗挖法

9. 【刷重点】某污水管道采用不开槽管道施工方法，主管为混凝土管材，工期紧、任务重，不可选择（　　）方法。[多选]
   A. 盾构法　　B. 夯管法
   C. 定向钻法　　D. 密闭式顶管法
   E. 浅埋暗挖法

10. 【刷难点】下列关于不开槽施工法设备选择的说法，正确的有（　　）。[多选]
   A. 采用敞开式顶管机时，应将地下水位降至管底以下不小于 0.5m 处
   B. 当无降水条件时，宜采用封闭式泥水平衡顶管机施工
   C. 直径 1 000mm 以上，穿越地面障碍较复杂地段，采用盾构法施工
   D. 穿越城镇道路较窄的柔性地下管道施工应采用夯管法
   E. 定向钻法仅适用于柔性管道的不开槽施工

11. 【刷基础】采用起重设备或垂直运输系统应满足施工要求的规定，下列说法错误的有（　　）。[多选]
   A. 起重设备必须经过起重荷载计算
   B. 使用前应按有关规定进行检查验收，合格后方可使用
   C. 起重作业前应试吊，吊离地面 200mm 左右时，应检查重物捆扎情况和制动性能
   D. 吊运重物下井距作业面底部小于 500mm，操作人员方可近前工作
   E. 施工供电宜设置单路电源

考点 3 给水排水管道功能性试验

12. 【刷基础】给水排水压力管道的水压试验分为（　　）。[单选]
   A. 强度试验和严密性试验　　B. 预试验和主试验
   C. 闭水试验和闭气试验　　D. 满水试验和严密性试验

13. 【刷重点】下列给水排水管道功能性试验的规定，正确的是（　　）。[单选]
   A. 无压管道的严密性试验只能采用闭水试验而不能采用闭气试验
   B. 管道严密性试验，宜采用注水法进行
   C. 注水应从上游缓慢注入，在试验管段下游的管顶及管段中的高点应设置排气阀
   D. 当管道采用两种（或多种）管材时，宜按不同管材分别进行试验

14. 【刷基础】压力管道试验准备工作包括（　　）。[多选]
   A. 试验管段所有敞口应封闭，不得有渗漏水现象
   B. 试验管段不得用闸阀作堵板，可含有消火栓等附件
   C. 水压试验前应清除管道内的杂物
   D. 应做好水源引接、排水等疏导方案
   E. 管道未回填土且沟槽内无积水

15. 【刷重点】下列关于给排水管道试验过程与合格判定的说法，正确的有（　　）。[多选]
   A. 水压试验预试验阶段应将管道内水压缓缓地升至规定的试验压力并稳压 30min

B. 闭水试验段上游设计水头不超过管顶内壁时，试验水头应以试验段上游设计水头加2m计

C. 闭水试验段上游设计水头超过管顶内壁时，试验水头应以试验段上游设计水头加2m计

D. 闭水试验期间渗水量的观测时间不得小于15min

E. 闭气试验是在规定闭气时间内测定管道内气体压降值

16. 【刷难点】背景资料：

某公司承建一段新建城镇道路工程，其雨水管位于非机动车道，设计采用 D800mm 钢筋混凝土管。施工前，项目部对部分相关技术人员的职责、管道施工工艺流程等内容规定如下：

由 A（技术人员）具体负责：确定管线中线，检查井位置与沟槽开挖边线。

由质检员具体负责沟槽回填土压实度试验；管道与检查井施工完成后，进行管道B试验（功能性试验）。

管道施工工艺流程如下：沟槽开挖与支护→C →下管、排管、接口→检查井砌筑→管道功能性试验→分层回填土与夯实。[案例节选]

问题：

根据背景资料，写出最合适题意的 A、B、C 的内容。

第二节 城市燃气管道工程

考点1 燃气管道的分类

17. 【刷基础】输气压力为 1.6MPa 的燃气管道为（ ）燃气管道。[单选]

A. 中压 A B. 次高压 B

C. 次高压 A D. 高压 B

18. 【刷重点】我国城镇燃气管道按输配压力分类，属于高压燃气管道最高工作压力的有（ ）。[多选]

A. 0.4MPa＜P≤0.8MPa B. 0.8MPa＜P≤1.6MPa

C. 1.6MPa＜P≤2.5MPa D. 2.5MPa＜P≤4.0MPa

E. P＞4.0MPa

考点2 燃气管道、附件及设施施工技术

19. 【刷基础】埋设在机动车车道下的地下燃气管道的最小覆土厚度不得小于（ ）。[单选]

A. 0.3m B. 0.6m C. 0.9m D. 1.2m

20. 【刷重点】下列关于燃气管道现场焊接的做法，错误的是（ ）。[单选]

A. 可采用对口器固定，不得强力对口

B. 定位焊厚度不应超过管壁的50％

C. 焊条使用前应烘干，装入保温筒随用随取

D. 盖面外观表面不得有气孔、夹渣、咬边、弧坑、裂纹、电弧擦伤等缺陷

21. 【刷基础】在聚乙烯燃气管道敷设时，以下管道走向敷设警示标识的顺序，由下至上正确的是（ ）。[单选]

A. 保护板→警示带→示踪线→地面标识

B. 示踪线→警示带→保护板→地面标识

C. 示踪线→保护板→警示带→地面标识

D. 警示带→保护板→示踪线→地面标识

22. 【刷重点】穿越铁路的燃气管道的套管，应满足的要求有（　　）。[多选]

A. 套管两端与燃气管的间隙应采用柔性的防腐、防水材料密封

B. 套管宜采用钢管或钢筋混凝土管

C. 套管端部距路堤坡脚外的距离不应小于 1.2m

D. 套管内径应比燃气管道外径大 150mm 以上

E. 套管一端应装设检漏管

23. 【刷重点】下列关于燃气管道埋设的要求，错误的有（　　）。[多选]

A. 当采用机械开挖或有地下水时，槽底预留值不应小于 0.05～0.10m

B. 超挖在 0.15m 及以上，可采用石灰土处理

C. 不得采用冻土、垃圾、木材及软性物质回填

D. 管道两侧及管顶以上 0.5m 内的回填土可采用灰土回填

E. 管道两侧及管顶以上 0.5m 内的回填土可采用小型机械压实

24. 【刷基础】聚乙烯燃气管道相比钢管的优点有（　　）。[多选]

A. 耐腐蚀

B. 承压能力高

C. 造价低

D. 不易老化

E. 气密性好

25. 【刷重点】下列关于聚乙烯燃气管材、管件和阀门贮存的说法，正确的有（　　）。[多选]

A. 管材、管件和阀门应遵照“先进先出”的原则

B. 管材应水平堆放在平整的支撑物或地面上，管口应封堵

C. 管件和阀门成箱叠放时，高度不宜超过 1m

D. 存放在半露天堆场内的管材、管件和阀门应有防紫外线照射措施

E. 管材从生产到使用期间，存放时间超过 4 年不得使用

26. 【刷重点】下列关于聚乙烯燃气管道连接方式的选择，错误的有（　　）。[多选]

A. 聚乙烯管材与管件、阀门的连接可以采用螺纹连接

B. 不同级别的聚乙烯管材、管件和阀门，应采用电熔连接

C. 熔体质量流动速率差值大于或等于 0.5g/10min 的聚乙烯管材，应采用电熔连接

D. 聚乙烯管道与金属管道连接时，应采用热熔连接

E. 公称外径小于 90mm 的聚乙烯管材，应采用热熔连接

27. 【刷难点】下列关于聚乙烯燃气管道埋地敷设的要求，正确的有（　　）。[多选]

A. 聚乙烯燃气管道下管时，不得采用金属材料直接捆扎和吊运管道

B. 可以使用机械或加热方法弯曲管道

C. 管道敷设时，保护板宜敷设在管道上方距管顶大于 200mm、距地面 300～500mm 处

D. 保护板应有足够的强度，且上面应有明显的警示标识

E. 采用拖管法埋地敷设时，拖拉长度不宜超过 500m

28. 【刷重点】下列关于燃气管道附属设备安装的要求，错误的是（　　）。[单选]

A. 法兰或螺纹连接的阀门应在打开状态下安装

B. 焊接阀门与管道连接焊缝宜采用氩弧焊打底

C. 绝缘接头与相连管线焊接前应按规定进行焊接工艺评定

D. 减压阀要求直立地安装在水平管道上，不得倾斜

29. 【刷基础】下列关于绝缘接头的说法，正确的是（　　）。[单选]

A. 具有良好的密封性能和电绝缘性能

B. 使用寿命较短

C. 可以安装在常年积水或低洼处

D. 防腐作业时绝缘接头的表面温度不应低于120℃

30. 【刷基础】燃气管网中，安装在最高点和每个阀门之前，用来排放管道内部空气或燃气的装置称为（　　）。[单选]

A. 补偿器　　B. 放散管

C. 排水器　　D. 调压器

31. 【刷难点】下列关于燃气管网附属设备安装要求的说法，正确的有（　　）。[多选]

A. 阀门上有箭头标志时，应依据介质的流向安装

B. 补偿器按气流方向安装在阀门的上侧

C. 排水器盖应安装在排水器井的中央位置

D. 放散管应装在最低点和每个阀门之后

E. 地下燃气管道上的阀门一般都设置在阀门井外

考点3 燃气管道功能性试验

32. 【刷基础】燃气管道吹扫试验时，介质宜采用（　　）。[单选]

A. 氧气　　B. 压缩空气

C. 天然气　　D. 水

33. 【刷基础】燃气管道类型为钢管，进行强度试验时，设计输气压力为0.2MPa，则试验压力应为（　　）。[单选]

A. 0.25MPa　　B. 0.3MPa

C. 0.4MPa　　D. 0.5MPa

34. 【刷重点】下列关于燃气管道严密性试验的说法，正确的是（　　）。[单选]

A. 严密性试验应在强度试验前进行

B. 埋地燃气管线做严密性试验之前，应全线回填

C. 燃气管道严密性试验不允许有压力降

D. 严密性试验压力根据经验而定

35. 【刷基础】安装后需进行管道吹扫、强度试验和严密性试验的是（　　）管道。[单选]

A. 供热　　B. 供水　　C. 燃气　　D. 排水

36. 【刷难点】下列关于燃气管道进行管道吹扫的要求，正确的有（　　）。[多选]

A. 公称直径等于100mm的钢制管道，宜采用清管球吹扫

B. 管道安装检验合格后，应由建设单位负责组织吹扫工作

C. 吹扫压力不得大于管道的设计压力，且不应大于0.5MPa

D. 吹扫介质宜采用压缩空气

E. 每次吹扫管道长度不宜超过500m

第三节　城市供热管道工程

考点1　供热管道的分类

37.【刷基础】在热力管道敷设方式分类中，敷设的独立管道支架离地面高度为 3m 时，该独立管道支架应为（　　）。[单选]

A. 超高支架　　B. 高支架

C. 中支架　　D. 低支架

38.【刷重点】下列关于供热管道分类的说法，正确的有（　　）。[多选]

A. t >100℃时属于高温热水热网

B. 一级管网是从换热站至热用户的供热管网

C. 管道地下敷设可分为管沟敷设和直埋敷设

D. 开式设备一次热网热媒损失很小，但中间设备多

E. 从热源至热用户的管道属于供水管

考点2　供热管道、附件及设施施工技术

39.【刷重点】下列关于供热管道焊接施工规定的说法，错误的是（　　）。[单选]

A. 管道安装时，一般应先安装主线，再安装检查室，最后安装支线

B. 钢管对口时，纵向焊缝之间应相互错开 100mm 弧长以上

C. 管道中间位置允许有十字形焊缝

D. 焊口不得置于建（构）筑物等的墙壁中

40.【刷基础】对带泄漏监测系统的热力保温管接口，焊接前应测信号线的通断状况和（　　）。[单选]

A. 热敏值　　B. 电流值　　C. 电压值　　D. 电阻值

41.【刷重点】下列关于直埋保温管接头保温的说法，错误的是（　　）。[单选]

A. 直埋管接头保温应在管道安装完毕、强度试验合格前进行

B. 接头保温的结构、保温材料的材质及厚度应与预制直埋保温管相同

C. 接头外护层安装完成后，必须全部进行气密性检验并应合格

D. 接头外护层气密性检验的压力为 0.02MPa

42.【刷重点】下列关于直埋保温管安装施工的说法，错误的有（　　）。[多选]

A. 同一施工段的等径直管段不能采用相同厂家的预制保温管时，应征得建设单位的同意

B. 信号线受潮，应采取预热、烘烤等方式干燥

C. 直埋蒸汽管道应设置排气管

D. 防腐层应采用电火花检漏仪检测

E. 外护管接口应在防腐层之后做气密性试验

43.【刷基础】供热管道保温材料进场时应进行（　　）测定。[多选]

A. 保温层密度　　B. 吸水率

C. 硬度　　D. 拉伸性能

E. 导热系数

44.【刷难点】下列关于供热管道施工安装的说法，正确的有（　　）。[多选]

A. 管道支架处不得有环形焊缝

B. 钢管的纵向焊缝（螺旋焊缝）端部应进行定位焊

C. 套管中心的允许偏差为0～10mm

D. 当保温层厚度超过200mm时，应分为两层或多层逐层施工

E. 对接管口时，应在距接口两端各200mm处检查管道平直度

45. 【刷基础】有轴向补偿器的热力管道，在补偿器安装前，管道和（　　）不得进行固定连接。[单选]

A. 导向支架　　B. 悬吊支架　　C. 固定支架　　D. 滚动支架

46. 【刷重点】下列关于供热管道支、吊架安装的说法，正确的是（　　）。[单选]

A. 管道安装应在支、吊架安装前进行

B. 管道支架支撑面的标高可采用加设金属垫板的方式进行调整

C. 固定支架卡板和支架结构接触面应焊接

D. 吊架安装前应进行防腐处理

47. 【刷基础】供热管道安装补偿器的目的是（　　）。[单选]

A. 保护固定支架　　B. 消除温度应力

C. 方便管道焊接　　D. 利于设备更换

48. 【刷重点】下列关于法兰和阀门安装施工的说法，正确的有（　　）。[多选]

A. 应采用先加垫片并拧紧法兰螺栓，再焊接法兰焊口的方式进行法兰安装焊接

B. 可采用加偏垫的方法来消除法兰接口端面的偏差

C. 应采用阀门手轮作为吊装的承重点

D. 焊接球阀水平安装时应将阀门完全开启

E. 阀门不得作为管道末端的堵板使用

49. 【刷基础】热媒易泄露的补偿器有（　　）。[多选]

A. 自然补偿器　　B. 球形补偿器

C. 波纹管补偿器　　D. 套筒补偿器

E. 方形补偿器

50. 【刷重点】换热站是供热管网的重要附属设施，是供热网路与热用户的连接场所，它的作用有（　　）。[多选]

A. 调节、转换热网输送的热媒　　B. 集中供热管道中的凝结水

C. 计量、检测供热热媒的参数和数量　　D. 保证供热温度

E. 向热用户系统分配热量

51. 【刷难点】下列关于换热站内设施安装的说法，错误的有（　　）。[多选]

A. 站内管道高点设置放水装置

B. 设备基础灌注地脚螺栓用的细石混凝土强度等级应与基础混凝土的强度等级相同

C. 拧紧设备基础地脚螺栓时，灌注的混凝土应达到设计强度的75%以上

D. 换热机组应进行接地保护

E. 热水管道和设备上的安全阀应有接到安全地点的排汽管

考点3 供热管道功能性试验

52. 【刷基础】下列关于城镇供热管网试验的说法，正确的是（　　）。[单选]

A. 强度试验的试验压力为1.25倍设计压力，且不得低于0.6MPa

B. 强度试验的目的是检验管道本身与安装时焊口的强度
C. 强度试验应在试验段内的管道接口防腐、保温施工及设备安装后进行
D. 严密性试验的试验压力为1.15倍设计压力，且不得低于0.6MPa

53. 【刷重点】下列关于供热管网清（吹）洗的规定，说法正确的有（　　）。[多选]
A. 供热管网的清洗应在试运行前进行
B. 清洗前应编制清洗方案并进行安全技术交底
C. 蒸汽吹洗压力不应大于管道工作压力的70%
D. 供热管道二级管网可与一级管网一起清洗
E. 冲洗水流方向按现场注水管布置情况确定

54. 【刷难点】下列关于供热管网试运行的规定，说法正确的有（　　）。[多选]
A. 试运行前应编制试运行方案
B. 试运行时间应为达到试运行参数条件下连续运行48h
C. 试运行应缓慢升温，升温速度不得大于10℃/h
D. 在试运行期间，管道法兰、阀门、补偿器及仪表等处的螺栓应进行热拧紧
E. 热拧紧时的运行压力应降低至0.5MPa以下

第四节　城市管道工程安全质量控制

考点1　城市管道工程安全技术控制要点

55. 【刷基础】下列关于土方沟槽施工安全控制的说法，错误的是（　　）。[单选]
A. 沟槽开挖应根据性能、土质、槽壁支护等状况，确定开挖顺序和分层开挖深度
B. 在距直埋缆线2m范围内和距各类管道1m范围内，应人工开挖，不得机械开挖
C. 合槽施工开挖土方时，应先深后浅
D. 管顶或结构顶以上300mm范围内应采用人工夯实，不得采用动力夯实机或压路机压实

56. 【刷重点】采用顶管、浅埋暗挖法施工的管道工程，应根据（　　）等确定管道内通风系统模式。[多选]
A. 施工方法
B. 管道直径
C. 管道长度
D. 气候条件
E. 设备条件

考点2　城市管道工程质量控制要点

57. 【刷基础】下列选项中，属于定向钻施工管道主控项目的是（　　）。[单选]
A. 钢管组对拼接、外防腐层的质量
B. 钢管接口焊接、聚乙烯管接口熔焊检验
C. 管道接口端部应无破损、顶裂现象
D. 管道应无明显渗水现象

58. 【刷重点】下列选项中，属于聚乙烯管道敷设主控项目的有（　　）。[多选]
A. 焊缝外观及无损检测满足要求
B. 管道、管件材料符合要求
C. 管壁无变形
D. 热熔对接接头质量检验符合要求
E. 安装后线形直顺

59. 【刷重点】下列关于柔性管道回填施工质量控制的说法，正确的有（　　）。[多选]

A. 回填前，须将槽底施工遗留的杂物清除干净

B. 管内径大于800mm的柔性管道，回填施工时应在管内采取预变形措施

C. 对特殊地段，应经施工单位认可并采取有效的技术措施，方可在管道焊接防腐检验合格后全部回填

D. 管基基础支承角范围应采用中粗砂填充并捣固密实

E. 管道中心标高以下回填时应采取防止管道上浮、位移的措施

[选择题] 参考答案

1. B	2. B	3. C	4. B	5. BCD	6. BD
7. D	8. BCD	9. BCE	10. ABE	11. CE	12. B
13. D	14. ACD	15. ACE	16. —	17. C	18. CD
19. C	20. B	21. B	22. ABE	23. ADE	24. AC
25. ABD	26. ADE	27. ACD	28. A	29. A	30. B
31. AC	32. B	33. C	34. B	35. C	36. ADE
37. C	38. ACE	39. C	40. D	41. A	42. ACE
43. ABE	44. ACE	45. C	46. B	47. B	48. DE
49. BD	50. ACE	51. ABE	52. B	53. AB	54. ACD
55. D	56. ACE	57. B	58. BD	59. ABDE	

[案例节选] 参考答案

16. A——测量员；B——严密性试验；C——基础施工。

学习总结

第五章 城市综合管廊工程

第一节 城市综合管廊分类与施工方法

考点1 综合管廊分类

1. 【刷基础】下列关于综合管廊内管线的布置要求，说法正确的是（ ）。[单选]
   A. 天然气管可与热力管道同仓敷设
   B. 热力管道可与电力电缆同仓敷设
   C. 110kv及以上电力电缆不应与通信电缆同侧布置
   D. 给水管道与热力管道同侧布置时，给水管道宜布置在热力管道上方

2. 【刷重点】综合管廊一般分为（ ）。[多选]
   A. 总线综合管廊
   B. 干线综合管廊
   C. 支线综合管廊
   D. 缆线综合管廊
   E. 通行综合管廊

考点2 综合管廊主要施工方法

3. 【刷基础】下列关于明挖法施工综合管廊的说法，错误的是（ ）。[单选]
   A. 基坑顶部周边宜作硬化和防渗处理
   B. 基坑底部的集水坑间距宜为30～40m
   C. 在基坑顶部2m范围以外堆载时，不应超过设计荷载值
   D. 基坑顶部周围2m范围内，严禁堆放弃土及建筑材料等

4. 【刷重点】下列关于盾构法施工综合管廊的说法，正确的有（ ）。[多选]
   A. 盾构工作井只能采取临时结构形式
   B. 工作井预留洞门直径应满足盾构始发和接收要求
   C. 盾构掘进施工应控制排土量、盾构姿态和地层变形
   D. 壁后注浆应根据工程地质条件、地表沉降状态、环境要求和设备情况等选择注浆方式、注浆压力和注浆量
   E. 应根据盾构类型、工程地质条件和其他实际情况，制定盾构安全技术操作规程和应急预案

第二节 城市综合管廊施工技术

考点1 工法选择

5. 【刷基础】适用于埋深大、连续的施工长度不小于300m的城市管网建设的综合管廊施工方法是（ ）。[单选]
   A. 明挖法
   B. 顶管法
   C. 盾构法
   D. 浅埋暗挖法

6. 【刷重点】综合管廊主要施工方法中，适用于各种地质条件的有（ ）。[多选]
   A. 夯管法
   B. 浅埋暗挖法
   C. 顶管法
   D. 明挖法现浇
   E. 明挖法预制拼装

考点2 结构施工技术

7. 【刷基础】下列关于预制拼装钢筋混凝土结构施工的说法，错误的是（　　）。[单选]

A. 构件堆放的场地应平整夯实，并应具有良好的排水措施

B. 构件的标识应朝向外侧

C. 当设计无要求时，构件运输及吊装时的强度不应低于设计强度的80%

D. 当构件上有裂缝且宽度超过0.2mm时，应进行鉴定

8. 【刷重点】下列关于综合管廊防水技术的说法，正确的有（　　）。[多选]

A. 综合管廊防水等级为二级以上，结构耐久性要求100年以上

B. 综合管廊现浇混凝土主体结构采用防水混凝土进行自防水

C. 迎水面阴阳角处做成圆弧或60°折角

D. 柔性防水层一般采用防水卷材和涂料防水层为主

E. 在转角或阴阳角等特殊部位应增加设置1～2层相同的防水层，且宽度不宜小于300mm

[选择题] 参考答案

1. C	2. BCD	3. B	4. BCDE	5. C	6. CDE
7. C	8. ABD				

学习总结

第六章　海绵城市建设工程

第一节　海绵城市建设技术设施类型与选择

考点1　海绵城市建设技术设施类型

1. 【刷基础】市政公用工程中常用的渗透设施主要是（　　）。[单选]

A. 湿塘、雨水湿地、蓄水池、调节塘、调节池
B. 透水铺装、下沉式绿地、生物滞留设施、渗透塘
C. 植草沟、渗透管渠
D. 植被缓冲带、初期雨水弃流设施、人工土壤渗滤设施

2. 【刷基础】目前，海绵城市建设技术设施类型主要有（　　）。[多选]

A. 渗透设施
B. 转输设施
C. 导排设施
D. 存储与调节设施
E. 截污净化设施

考点2　海绵城市建设技术设施选择

3. 【刷基础】下沉式绿地的下沉深度应根据土壤渗透性能确定，一般在（　　）。[单选]

A. 50～100mm
B. 100～200mm
C. 200～300mm
D. 300～400mm

4. 【刷难点】下列关于海绵城市建设技术设施选择的说法中，错误的是（　　）。[单选]

A. 道路、广场、其他硬化铺装区及周边绿地应优先考虑采用下沉式绿地
B. 建筑小区、城市绿地、广场等区域的低洼水塘或其他具有空间条件的场地，宜设置湿塘
C. 建筑与小区及公共绿地内转输流量较小且土壤渗透情况良好的区域，可采用渗管或渗渠
D. 建筑与小区、城市绿地等具有一定空间条件的区域，宜设置调节池

第二节　海绵城市建设施工技术

考点　市政工程“海绵体”施工技术

5. 【刷基础】关于透水铺装施工要求，说法正确的是（　　）。[单选]

A. 透水铺装路面横坡宜采用1.0%～1.5%
B. 铺装面层孔隙率不小于30%
C. 透水基层孔隙率不小于20%
D. 透水铺装位于地下室顶板上时，顶板覆土厚度不应小于500mm

6. 【刷基础】下列关于渗透管渠施工技术的说法，错误的是（　　）。[单选]

A. 渗透管渠开孔率应控制在1%～3%
B. 渗透管渠设在行车路面下时覆土深度不应小于700mm
C. 渗渠中的砂（砾石）层厚度应满足设计要求，一般不应小于200mm
D. 渗透管渠四周应填充砾石或其他多孔材料

7. 【刷重点】下列属于雨水储存与调节设施的有（　　）。[多选]

A. 湿塘　　B. 调节塘

C. 渗透管渠　　D. 蓄水池

E. 渗透塘

[选择题] 参考答案

1. B　2. ABDE　3. B　4. D　5. A　6. C
7. ABDE

学习总结

第七章　城市基础设施更新工程

第一节　道路改造施工

考点　道路改造施工技术

1.【刷重点】下列关于微表处施工程序和技术要求的说法，正确的是（　　）。[单选]

A. 试验段长度不小于 100m

B. 施工期间应中断行车

C. 摊铺速度为 1.0km/h

D. 对原路面进行湿润或喷洒乳化沥青

2.【刷重点】设置在沥青混凝土加铺层与旧水泥混凝土路面之间，具有延缓和抑制反射裂缝产生的是（　　）。[单选]

A. 透层　　B. 应力消减层

C. 粘层　　D. 封层

3.【刷基础】对于脱空部位的空洞，采用注浆的方法进行基底处理，通过试验确定（　　）等参数。[多选]

A. 注浆压力

B. 初凝时间

C. 砂浆强度

D. 注浆流量

E. 浆液扩散半径

第二节　桥梁改造施工

考点　桥梁改造施工技术

4.【刷基础】新旧桥梁上部结构拼接时，宜采用刚性连接的是（　　）。[单选]

A. 钢筋混凝土实心板

B. 预应力混凝土 T 形梁

C. 预应力混凝土空心板

D. 预应力混凝土连续箱梁

5.【刷基础】城市桥梁养护工程分类中，对城市桥梁的一般性损坏进行修理，恢复城市桥梁原有的技术水平和标准的工程属于（　　）。[单选]

A. 保养、小修　　B. 中修工程

C. 大修工程　　D. 加固工程

6.【刷重点】下列关于桥梁粘接钢板加固法施工技术的说法，错误的有（　　）。[多选]

A. 当加固钢筋混凝土受弯构件时，可采用粘贴钢板加固法

B. 钢板粘贴应在 5～35℃ 以上环境温度条件下进行

C. 当粘贴钢板加固混凝土结构时，宜将钢板设计成仅承受轴向力作用

D. 粘剂和混凝土缺陷修补胶应密封，并应存放于低温环境

E. 当环境温度低于 0℃ 时，应采用低温环境配套胶粘剂或采用升温措施

第三节　管网改造施工

考点　管网改造施工技术

7. 【刷重点】下列关于管网改造施工技术质量控制要点的说法，错误的是（　　）。[单选]

A. 当管径大于等于800mm时，可采用管内目测

B. 修复更新管道应无明显渗水，无水珠、滴漏、线漏等现象

C. 局部修复管道可不进行闭气或闭水试验

D. 水泥砂浆抗压强度符合设计要求，且不低于20MPa

8. 【刷基础】管道进行局部修补的方法主要有（　　）。[多选]

A. 缠绕法　　B. 密封法

C. 补丁法　　D. 灌浆法

E. 机器人法

9. 【刷基础】采用爆管法进行旧管更新，按照爆管工具的不同，可将爆管分为（　　）。[多选]

A. 气动爆管　　B. 水压爆管

C. 液动爆管　　D. 静力破碎爆管

E. 切割爆管

[选择题] 参考答案

1. D	2. B	3. ABDE	4. B	5. B	6. DE
7. D	8. BCDE	9. ACE			

学习总结

第八章　施工测量

第一节　施工测量主要内容与常用仪器

考点 主要内容与常用仪器

1. 【刷重点】采用水准仪测量工作井高程时，测定高程为3.460m，后视读数为1.360m，已知前视测点高程为3.580m，前视读数应为（　　）。[单选]

A. 0.960m　　B. 1.120m

C. 1.240m　　D. 2.000m

2. 【刷基础】下列属于市政公用工程施工控制测量内容的有（　　）。[多选]

A. 交接桩复核　　B. 细部放样

C. 点位坐标传递　　D. 钉桩放线

E. 竣工测量

3. 【刷重点】下列关于管道工程施工测量的说法，正确的有（　　）。[多选]

A. 压力管道的中心桩间距可为15～20m

B. 排水管道高程以管中心高程为控制基准

C. 给水管道以管内底高程为控制基准

D. 管道铺设前，应校测管道中心及高程

E. 分段施工时，应对相邻已完成的管道进行复核

第二节　施工测量及竣工测量

考点 施工测量及竣工测量

4. 【刷基础】城镇道路施工测量时，填方段路基应每填一层恢复一次中线、边线并进行高程测设，在距路床（　　）范围应按设计纵、横坡线控制。[单选]

A.0.5m　　B.1.0m

C.1.5m　　D.2.0m

5. 【刷重点】下列关于城市管道施工测量的说法，正确的有（　　）。[多选]

A. 各类管道工程施工测量控制点包括起点、终点、折点、井室（支墩、支架）中心点、变坡点等特征控制点

B. 矩形井室应以管道中心线及垂直管道中心线的井中心线为轴线进行放线

C. 圆形、扇形井室应以井底圆心为基准进行放线

D. 排水管道工程高程应以管道中心线高程作为施工控制基准

E. 给水等压力管道工程应以管内底高程作为施工控制基准

6. 【刷重点】下列关于竣工测量的说法，正确的有（　　）。[多选]

A. 竣工测量工作内容包括控制测量、细部测量、竣工图编绘等

B. 竣工图的比例尺，厂区宜选用1∶2 000

C. 竣工图的比例尺，线状工程宜选用1∶500

D. 坐标系统、高程基准、图幅大小、图上注记、线条规格应与原设计图一致

E. 竣工测量应按规范规定补设控制网

[选择题] 参考答案

1. C　2. AC　3. ADE　4. C　5. ABC　6. ADE

学习总结

第九章　施工监测

第一节　施工监测主要内容、常用仪器与方法

考点 监测方法

1. 【刷基础】设计深度为15m的基坑工程自身风险等级为（　　）。[单选]

A. 一级

B. 二级

C. 三级

D. 无风险

2. 【刷重点】设计深度为20m的基坑，其应测项目不包括（　　）。[单选]

A. 支护桩（墙）顶部水平位移

B. 立柱结构水平位移

C. 土体深层水平位移

D. 地下水位

3. 【刷重点】矿山法隧道支护结构和周围岩体监控量测中，属于一级隧道应测的项目有（　　）。[多选]

A. 初期支护结构拱顶沉降

B. 二次衬砌应力

C. 围岩压力

D. 土体深层水平位移

E. 地下水位

第二节　监测技术与监测报告

考点 监测技术与报告

4. 【刷基础】监测报告应有（　　）等的签字。[单选]

A. 项目负责人

B. 项目技术负责人

C. 项目安全负责人

D. 总监理工程师

5. 【刷基础】监测报告的主要内容有（　　）。[多选]

A. 警情快报

B. 监测日报

C. 阶段性报告

D. 总结报告

E. 审查报告

[选择题] 参考答案

1. B　　2. C　　3. AE　　4. A　　5. ABCD

• 微信扫码查看本章解析
• 领取更多学习备考资料
考试大纲　考前抢分

学习总结

第二篇 市政公用工程相关法规与标准

第十章　相关法规

考点　市政公用工程相关法规

1. 【刷基础】根据城镇排水和污水处理管理的相关规定，下列说法错误的是（　　）。[单选]

   A. 旧城区改建不得将雨水管网、污水管网相互混接

   B. 工业生产、城市绿化、道路清扫应当优先使用地下水

   C. 除干旱地区外，新区建设应当实行雨水、污水分流

   D. 雨水、污水分流改造可以结合旧城区改建和道路建设同步进行

2. 【刷重点】在燃气设施保护范围内，可以从事的活动是（　　）。[单选]

   A. 建设占压地下燃气管线的建筑物、构筑物或者其他设施

   B. 倾倒、排放腐蚀性物质

   C. 进行爆破、取土等作业或者动用明火

   D. 进行打桩或顶进施工

3. 【刷重点】因工程建设需要挖掘城镇道路的，应到（　　）办理审批手续，方可按照规定挖掘。[多选]

   A. 公安管理部门　　B. 绿化管理部门

   C. 市政工程行政主管部门　　D. 公安交通管理部门

   E. 道路管理部门

[选择题] 参考答案

1. B　　2. D　　3. CD

学习总结

第十一章　相关标准

考点　市政公用工程相关标准

1. 【刷基础】根据《城市道路交通工程项目规范》（GB 55011—2021），下列选项中，不符合规范要求的是（　　）。[单选]

A. 热拌普通沥青混合料施工环境温度不应低于5℃

B. 热拌改性沥青混合料施工环境温度不应低于10℃

C. 路基填筑应按不同性质的土进行分类分层压实

D. 水泥混凝土路面抗弯拉强度应达到设计强度后即可开放交通

2. 【刷基础】下列给水、排水管道工程施工质量控制的说法，符合规定的有（　　）。[多选]

A. 给水管道竣工验收前应进行水压试验

B. 工程建设施工降水应及时排入市政污水管道

C. 生活饮用水管道运行前应冲洗、消毒，经检验水质合格后，方可并网通水投入运行

D. 排水工程的贮水构筑物投入使用前要进行满水试验

E. 膨胀土地区的雨水管渠及其附属构筑物应经严密性试验合格后方可投入运行

3. 【刷基础】根据《建筑与市政地基基础通用规范》（GB 55003—2021），下列说法正确的有（　　）。[多选]

A. 地基基础工程施工应采取措施控制振动、噪声、扬尘

B. 施工完成后的工程桩应进行竖向承载力检验

C. 承受水平力较大的桩应进行抗拔承载力检验

D. 灌注桩混凝土强度检验的试件应在施工现场随机留取

E. 基坑回填应分层填筑压实，两侧交替进行

[选择题] 参考答案

1. D　　2. ACE　　3. ABD

学习总结

第三篇 市政公用工程项目管理实务

第十二章　市政公用工程企业资质与施工组织

第一节　市政公用工程企业资质

考点1 资质等级标准

1. 【刷基础】二级资质企业市政公用工程专业注册建造师不少于（　　）人。[单选]

A. 10　　B. 12
C. 15　　D. 18

2. 【刷基础】下列选项中，属于特级资质企业资信能力的有（　　）。[多选]

A. 企业注册资本金3亿元以上
B. 企业净资产3.6亿元以上
C. 企业近三年上缴建筑业营业税均在5 000万元以上
D. 企业近一年上缴建筑业营业税在3 000万元以上
E. 企业银行授信额度近三年均在3亿元以上

考点2 承包工程范围

3. 【刷基础】下列选项中，属于三级资质企业承包工程范围的是（　　）。[单选]

A. 单跨35m以下的城市桥梁工程
B. 0.5MPa以下中压、低压燃气管道、调压站
C. 单项合同额2 000万元以下的轨道交通工程
D. 单项合同额2 500万元以下的市政综合工程

4. 【刷基础】下列选项中，属于二级资质企业承包工程范围的有（　　）。[多选]

A. 各类城市道路
B. 20万t/d以下的供水工程
C. 15万t/d以下的污水处理工程
D. 25万t/d以下的给水泵站
E. 各类给水排水及中水管道工程

第二节　二级建造师执业范围

考点 执业规模与执业范围

5. 【刷基础】市政公用工程专业二级注册建造师可以承接长度不小于2km，单项工程合同额不小于3 000万元的路基工程，但不包括（　　）。[单选]

A. 路面工程　　B. 桥涵工程
C. 轨道铺设　　D. 隧道工程

6.【刷基础】城市桥梁工程包括（　　）的建设、养护与维修工程。[多选]

A. 跨线桥　　B. 人行天桥

C. 立交桥　　D. 廊桥

E. 地下人行通道

第三节　施工项目管理机构

考点　项目管理机构

7.【刷基础】（　　）是项目质量与安全生产第一责任人，对项目的安全生产工作负全面责任。[单选]

A. 项目经理

B. 企业法人

C. 项目总工程师

D. 项目安全总监

8.【刷重点】下列选项中，属于质量管理制度的有（　　）。[多选]

A. 质量过程“三检制度”

B. 重点工序旁站管理制度

C. 质量“首件验收”制度

D. 成品保护管理制度

E. 变更、洽商管理

9.【刷重点】下列选项中，属于技术管理制度的有（　　）。[多选]

A. 施工图纸管理

B. 图纸会审管理

C. 变更、洽商管理

D. 文本资料管理

E. 试验检测管理

第四节　施工组织设计

考点1　施工组织设计编制与管理

10.【刷基础】施工组织设计应由（　　）主持编制。[单选]

A. 项目负责人

B. 项目技术负责人

C. 企业负责人

D. 企业技术负责人

11.【刷重点】施工组织设计应及时修改或补充的情形有（　　）。[多选]

A. 工程设计有重大变更

B. 主要施工队伍有重大调整

C. 主要施工资源配置有重大调整

D. 项目管理结构有重大调整

E. 施工环境有重大改变

考点2 施工方案编制与管理

12.【刷基础】(　　)是施工技术方案的核心内容。[单选]

A. 施工方法
B. 施工机械
C. 施工组织
D. 施工顺序

13.【刷重点】下列分项工程中，需要编制安全专项方案并进行专家论证的有(　　)。[多选]

A. 跨度为30m的钢结构安装工程
B. 开挖深度为5m的基坑降水工程
C. 架体搭设高度为20m的悬挑式脚手架工程
D. 单件起吊重量为80kN的预制构件
E. 搭设高度为8m的混凝土模板支撑工程

14.【刷基础】在专项方案编制时，需要确定的验收要求有(　　)。[多选]

A. 验收标准
B. 验收程序
C. 验收内容
D. 验收人员
E. 验收日期

15.【刷难点】背景资料：

某公司中标承建该市城郊结合部交通改扩建高架工程，该高架工程结构为现浇预应力钢筋混凝土连续箱梁，采用支架法施工。

项目部进场后编制的施工组织设计提出了“支架地基基础加固处理”专项施工方案，并组织召开了专家论证会，邀请了含本项目技术负责人在内的4名专家对方案内容进行了论证。专项方案经论证后，形成论证报告，项目部未按专家组要求修改，只对少量问题作修改，经施工单位技术负责人签字后组织实施。[案例节选]

问题：

项目部邀请了含本项目技术负责人在内的4名专家对专项方案进行论证的结果是否有效？如无效，请说明理由并写出正确做法。

[选择题] 参考答案

1. B	2. ABC	3. D	4. ADE	5. C	6. ABCE
7. A	8. ABCD	9. ABCE	10. A	11. ACE	12. A
13. BCE	14. ABCD	15. —			

[案例节选] 参考答案

15. 论证结果无效。

理由及正确做法如下：

①“项目技术负责人作为专家进行论证”错误；本项目参建各方属于有利害关系人员，不得以专家身份参与论证。

②4 名专家组成员的人数组成错误；应由 5 名以上（奇数）专家组成。

③专家论证程序错误；专项方案经过专家论证后，施工单位应根据论证报告修改完善专项施工方案，并经施工单位技术负责人签字、加盖单位公章，并由项目总监理工程师签字，加盖执业印章后，方可组织实施。

学习总结

第十三章　施工招标投标与合同管理

第一节　施工招标投标

考点　施工招标投标

1. 【刷基础】下列文件中，属于投标文件的是（　　）。[单选]

A. 投标报价
B. 投标人须知
C. 投标邀请书
D. 投标文件格式

2. 【刷重点】下列关于施工招投标的说法，正确的是（　　）。[单选]

A. 必要时可邀请行政监督部门人员作为评标委员会的成员
B. 投标保证金一般不得超过投标总价的 2%
C. 提交投标文件的投标人少于 2 个的，招标人应当依法重新招标
D. 非政府采购项目在电子招标投标模式中，开标与评标均在线上进行

3. 【刷基础】招标文件主要内容不包括（　　）。[多选]

A. 技术条款
B. 评标标准
C. 施工组织设计或施工方案
D. 市场价格信息
E. 施工图纸

4. 【刷重点】下列关于招标投标的说法，错误的有（　　）。[多选]

A. 投标保证金一般不得超过投标总价的 2%，且最高不得超过 80 万元
B. 评标委员会的人数可以由 3 名专家组成
C. 自招标文件出售之日起至停止出售之日止，最短不得少于 5 个工作日
D. 采用电子招标投标时，需要进行现场答疑
E. 中标候选人公示期不得少于 3 个日历天

5. 【刷难点】背景资料：

某管道铺设工程项目，工程内容包括燃气、给水、热力等项目。建设单位采用公开招标方式发布招标公告。有 3 家单位报名参加投标。经审核，只有甲、乙 2 家单位符合合格投标人条件。建设单位为了加快工程建设，决定由甲施工单位中标。[案例节选]

问题：

建设单位决定由甲施工单位中标是否正确？说明理由。

6. 【刷基础】某市政工程招标项目，评标委员会由 7 名专家组成。根据《园林绿化工程建设管理规定》，园林绿化项目评标委员会中园林专业专家人数应为（　　）人。[单选]

A. 1
B. 2
C. 3
D. 4

7. 【刷重点】下列选项中，不属于邀请招标的情形是（　　）。[单选]

A. 市政重大基础设施工程
B. 项目技术复杂，只有少数几家潜在投标人可供选择
C. 抢险救灾工程
D. 受自然地域环境限制的工程

8. 【刷重点】招标应具备的条件有（　　）。[多选]

A. 招标人已依法成立

B. 资金来源已经落实

C. 有招标所需的设计图纸及技术资料

D. 有招标所需的施工组织设计

E. 初步设计及概算应当履行审批手续的，已经获得批准

9. 【刷基础】下列选项中，不属于投标人应当具备的要求是（　　）。[单选]

A. 招标项目要求的相应资质满足要求

B. 编制招标文件的能力满足要求

C. 项目负责人的资格条件满足要求

D. 企业信用得分满足要求

10. 【刷重点】投标文件的商务标书部分包括（　　）。[多选]

A. 项目管理机构

B. 施工组织设计

C. 投标函

D. 施工方案

E. 投标报价

第二节　施工合同管理

考点 施工合同管理

11. 【刷重点】下列关于分包合同管理的说法，正确的有（　　）。[多选]

A. 承包人就承包项目向发包人负责

B. 分包人就分包项目向承包人负责

C. 项目总包、分包人必须分别设置专（兼）职劳务管理员

D. 因分包人过失给发包人造成损失，承包人不承担责任

E. 劳务分包应实施实名制管理

12. 【刷难点】背景资料：

某城市水厂改扩建工程，内容包括多个现有设施改造和新建系列构筑物。鉴于工程项目结构复杂，不确定因素多。项目部进场后，项目经理主持了设计交底；并在现场调研和审图基础上，向设计单位提出多项设计变更申请。[案例节选]

问题：

（1）项目经理主持设计交底的做法有无不妥之处？如不妥，写出正确做法。

（2）项目部申请设计变更的程序是否正确？如不正确，给出正确做法。

13. 【刷重点】下列情形中，不可以向发包人进行索赔的是（　　）。[单选]

A. 延期发出施工图纸产生的索赔

B. 工程地质资料不全产生的索赔

C. 季节性大暴雨导致的索赔

D. 工程项目增加导致的索赔

14. 【刷基础】下列索赔项目中，只能申请工期索赔的是（　　）。[单选]

A. 工程施工项目增加

B. 征地拆迁滞后
C. 投标图纸中未提及的软基处理
D. 开工前图纸延期发出

15. 【刷基础】最终索赔报告应包含的内容有（　　）。[多选]
A. 索赔申请表
B. 同期记录
C. 编制说明
D. 批复的索赔意向书
E. 索赔台账

16. 【刷难点】背景资料：

某公司中标承建城市南外环道路工程。在施工过程中发生如下事件：

事件一：挖方段遇到了工程地质勘探报告没有揭示的岩石层，破碎、移除拖延了23d时间。

事件二：工程拖延致使路基施工进入雨期，连续降雨使土壤含水量过大，无法进行压实作业，因此耽误了15d工期。[案例节选]

问题：

（1）事件一造成的工期拖延和增加费用能否索赔？为什么？
（2）事件二造成的工期拖延和增加费用能否索赔？为什么？

考点3　施工合同风险防范措施

17. 【刷基础】在合同风险因素的分类中，按风险范围分类的是（　　）。[单选]
A. 项目风险
B. 政治风险
C. 技术风险
D. 经济风险

18. 【刷重点】下列风险管理与防范措施中，属于风险规避的有（　　）。[多选]
A. 充分利用合同条款
B. 增设有关支付条款
C. 减少承包人资金、设备的投入
D. 向分包人转移部分风险
E. 加强索赔管理

[选择题] 参考答案

1. A	2. B	3. CD	4. ABD	5. —	6. C
7. A	8. ABCE	9. B	10. CE	11. ABCE	12. —
13. C	14. D	15. ACD	16. —	17. A	18. ABCE

- 微信扫码查看本章解析
- 领取更多学习备考资料

考试大纲　考前抢分

[案例节选] 参考答案

5. 建设单位决定由甲施工单位中标不正确。

理由：只有甲、乙 2 家单位符合合格投标人条件，根据法规规定，投标人少于 3 家，建设单位应重新组织招标。

12. (1) 项目经理主持设计交底不妥。

正确做法：设计交底应由建设单位组织，设计单位、监理单位、施工单位参加。

(2) 项目部申请设计变更的程序不正确。

正确做法：施工单位应向监理工程师提出书面的图纸变更申请，经建设单位同意后，由设计单位出具变更设计图纸，然后由监理工程师向施 T 单位签发工程变更令并转发变更图纸，施工单位根据变更后的图纸施工。

16. (1) 事件一造成的工期拖延和增加费用可以索赔。因为地质勘探资料不详是有经验的承包商预先无法预测到的，非承包方责任，并确实造成了实际损失。

(2) 事件二造成的工期拖延和增加费用不能索赔。因为连续降雨造成路基无法施工，尽管有实际损失，但是有经验的承包商应能够预测并采取措施加以避免的；即使与事件一有因果关系，但事件一已进行索赔，因此应予驳回。

学习总结

第十四章　施工进度管理

第一节　工程进度影响因素与计划调整

考点　工程进度计划管理与风险管理

1. 【刷重点】下列选项中，属于工程进度计划管理事中控制的是（　　）。[单选]

A. 编制施工节点实施细则

B. 明确搭接和流水节拍

C. 定期整理有关施工进度资料

D. 审核施工（供货、配合）单位进度计划、季度计划、月度计划

2. 【刷重点】下列关于工程进度风险管理的说法，正确的有（　　）。[多选]

A. 实际进度滞后于计划进度，且出现滞后的是关键工作，需要对原定的施工计划进行调整

B. 实际进度滞后于计划进度，且出现滞后的是非关键工作，但是滞后时间超过了总时差，应采取措施进行进度计划调整

C. 实际进度滞后于计划进度，且出现滞后的是非关键工作，但是滞后时间超过了自由时差却没有超过总时差，一般不会对原定计划进行调整

D. 实际进度滞后于计划进度，且出现滞后的是非关键工作，但是滞后时间没有超过其自由时差，不必对原定计划进行调整

E. 实际进度滞后于计划进度，且出现滞后的是非关键工作，但是滞后时间没有超过其自由时差，应采取措施进行进度计划调整

第二节　施工进度计划编制与调整

考点　施工进度计划编制方法与调控措施

3. 【刷基础】下列施工进度计划中，属于控制性计划的是（　　）。[单选]

A. 周施工进度计划

B. 月施工进度计划

C. 季度施工进度计划

D. 旬施工进度计划

4. 【刷重点】施工进度计划在实施过程中要进行必要的调整，调整内容包括（　　）。[多选]

A. 起止时间

B. 网络计划图

C. 持续时间

D. 工作关系

E. 资源供应

5. 【刷难点】背景资料：

A公司承建某城市道路项目，施工单位按照合同工期要求编制了网络图，如图3-1所示（时间单位：周），并经监理工程师批准后实施。[案例节选]

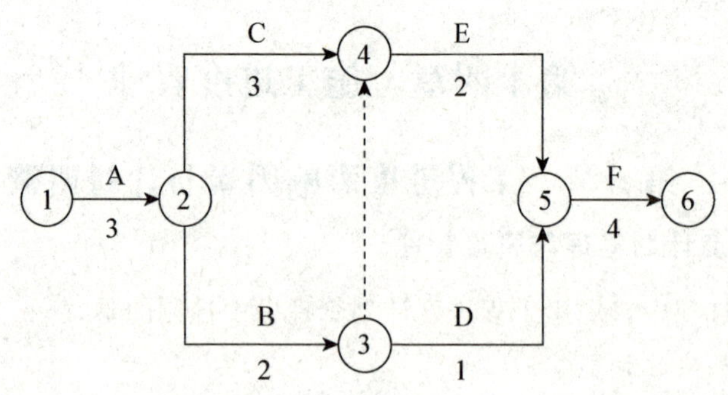

图 3-1　双代号网络图（单位：周）

问题：

（1）如果工作 E 施工时，由于施工单位设备事故延误了 2 周，则 A 公司是否可以进行工期索赔？说明理由。

（2）如果工作 D 因拆迁原因推迟 3 周，造成 A 公司损失为 1 000 元/周，那么 A 公司是否可以进行工期和费用索赔？如果可以索赔，请计算施工单位可获得的工期和费用补偿。

（3）施工单位加快施工进度应采取哪些措施？

[选择题] 参考答案

1. D　　2. ABCD　　3. C　　4. ACDE　　5. —

[案例节选] 参考答案

5.（1）工作 E 延误的工期不能索赔。

理由：虽然工作 E 在关键线路上，也延误了总工期，但是延误是由施工单位设备事故造成的，与业主无关，所以不能索赔。

（2）拆迁原因属于外部环境的影响，是建设单位的责任，不属于施工单位的责任。拆迁导致工作 D 推迟 3 周，而工作 D 的总时差为 2 周，拆迁会使总工期延误 1 周，A 公司可以进行工期和费用索赔。

可以索赔的工期为 1 周。可以索赔的费用为：1 000×3=3 000（元）。

（3）施工单位加快施工进度应采取的措施：分段增加工作面，增加力量和资源投入，快速施工；增加作业时间为三班倒，组织 24h 不间断施工。

学习总结

第十五章　施工质量管理

第一节　质量策划

考点　质量策划及实施

1. 【刷基础】单位工程开工前，对承担施工的负责人或分包人全体人员进行书面技术交底的是（　　）。[单选]

A. 项目负责人　　B. 监理工程师
C. 项目技术负责人　　D. 总监理工程师

2. 【刷重点】"三检制"质量控制流程包括（　　）。[多选]

A. 班组自检　　B. 重点检查
C. 工序或工种间互检　　D. 专业检查
E. 全面检查

第二节　施工质量控制

考点　施工质量控制要点

3. 【刷重点】下列关于特殊过程质量控制的说法，正确的是（　　）。[单选]

A. 对工程施工项目质量计划规定的特殊过程，应设置分部质量控制点
B. 除应执行一般过程控制的规定外，还应由专业技术人员编制专门的作业指导书
C. 缺少经验的工序应安排试验，编制成作业指导书，按需要进行首件（段）验收
D. 编制的作业指导书，应经监理工程师审批后执行

4. 【刷基础】不合格处置应根据不合格的严重程度按（　　）等情况进行处理。[多选]

A. 返工、返修　　B. 报废
C. 让步接收　　D. 继续使用
E. 降级使用

5. 【刷难点】背景资料：

某施工单位承接了某道路加宽工程。由于部分路堤为高填路堤，且加宽部分地基为软土地基，施工单位为确保路基的稳定、减少路基施工后沉降，对高填路堤拓宽部分的地基采取粉喷桩处理措施。

施工中发生了如下事件：

事件一：为保证质量，施工单位确定路基工程质量控制关键点：

（1）施工放样与断面测量。

（2）路基原地面处理，认真整平夯实。

（3）使用适宜材料。

事件二：项目部在现场准备中建立了符合地方标准要求的现场试验室，并落实了交通导行方案，修建了临时的施工便道。[案例节选]

问题：

（1）事件一还应补充哪些质量控制关键点？

（2）事件二中，现场准备还应完善哪些内容？

第三节　竣工验收管理

考点　竣工验收要求和工程档案管理

6.【刷基础】建设单位应当自工程竣工验收合格之日起（　　）内，向工程所在地的县级以上地方人民政府建设行政主管部门备案。[单选]

A. 7d　　B. 14d

C. 15d　　D. 21d

7.【刷基础】建设单位应当在工程竣工验收（　　），向城建档案馆报送一套符合规定的建设工程档案。[单选]

A. 备案前　　B. 备案后

C. 2个月内　　D. 3个月内

[选择题] 参考答案

1. C　　2. ACD　　3. B　　4. ABCE　　5. —　　6. C

7. A

[案例节选] 参考答案

5.（1）事件一还应将路堤拓宽连接处理、分层摊铺、压实作业作为质量控制关键点。

（2）事件二中，现场准备还应完善交桩和交线工作、工程测量控制点的复测复核、测量放样、搭建现场临时设施等。

学习总结

第十六章　施工成本管理

第一节　工程造价管理

考点　施工图预算的应用

1. 【刷基础】下列选项中，不属于施工图预算对施工单位的作用的是（　　）。[单选]

A. 确定投标报价的依据

B. 编制进度计划、统计完成工作量、进行经济核算的参考依据

C. 确定建设工程项目造价的依据

D. 项目二次预算测算、控制项目成本及项目精细化管理的依据

2. 【刷重点】当建设项目有多个单项工程时，应采用三级预算编制形式。三级预算编制形式由（　　）组成。[多选]

A. 建设项目总预算　　B. 单项工程预算

C. 单位工程预算　　D. 建筑工程预算

E. 安装工程预算

3. 【刷重点】施工图预算的编制方法有（　　）。[多选]

A. 清单计价法　　B. 预算单价法

C. 实物法　　D. 定额单价法

E. 综合单价法

第二节　施工成本管理

考点　施工成本目标控制的措施

4. 【刷基础】项目成本控制的第一责任人是（　　）。[单选]

A. 企业法人　　B. 项目经理

C. 项目总工　　D. 总监理工程师

5. 【刷基础】下列选项中，属于成本分析的方法有（　　）。[多选]

A. 表格核算法　　B. 因素分析法

C. 比较法　　D. 差额计算法

E. 比率法

6. 【刷重点】施工成本目标控制的主要依据有（　　）。[多选]

A. 进度报告　　B. 工程变更

C. 施工成本计划　　D. 工程承包合同

E. 施工方案

第三节　工程结算管理

考点　工程计量和工程结算

7. 【刷基础】下列关于工程进度款结算的说法，错误的是（　　）。[单选]

A. 由发包人提供的材料、工程设备金额，应按照发包人签约提供的单价和数量从进度款支付中扣除，列入本期应扣减的金额中

B. 已标价工程量清单中的单价项目，承包人应按工程计量确认的工程量与综合单价计算

C. 综合单价发生调整的，以发包人确认调整的综合单价计算进度款

D. 承包人现场签证和得到发包人确认的索赔金额，应列入本期应增加的金额中

8. 【刷重点】施工中进行工程计量，若发现（　　），应按承包人在履行合同义务中完成的工程量计算。[多选]

A. 招标工程量清单中出现缺项

B. 因承包人原因引起工程量的增减

C. 招标工程量清单中报价错误

D. 招标工程量清单中出现工程量偏差

E. 因工程变更引起工程量的增减

[选择题] 参考答案

1. C	2. ABC	3. BCE	4. B	5. BCDE	6. ABCD
7. C	8. ADE				

学习总结

第十七章　施工安全管理

第一节　常见施工安全事故及预防

考点　常见施工安全事故措施预防

1. 【刷重点】下列关于坍塌事故预防措施的说法，错误的是（　　）。[单选]
   A. 各类施工机械距基坑边缘、边坡坡顶、桩孔边的距离，应根据设备重量、支护结构、土质情况按设计要求进行确定，并不宜小于 1.5m
   B. 两条平行隧道（含导洞）相距小于 1 倍洞径时，其开挖面前后错开距离不得小于 15m
   C. 同一隧道内相对开挖（非爆破方法）的两开挖面距离为 2 倍洞径且不小于 20m 时，一端应停止掘进，并保持开挖面稳定
   D. 在自稳能力较差的围岩中施工时应按防坍塌、防位移超限的"管超前、严注浆、短开挖、强支护、快封闭、勤量测"的原则进行

2. 【刷重点】下列关于中毒和窒息事故预防措施的说法，正确的有（　　）。[多选]
   A. 有限空间作业前，必须严格执行"先通风、再检测、后作业"的原则
   B. 气体检测应按照可燃性气体、有毒有害气体、氧气含量的顺序进行
   C. 气体检测内容至少应当包括氧气、可燃性气体、硫化氢、一氧化碳
   D. 特殊情况可以使用纯氧对有限空间进行通风换气
   E. 作业人员进入有限空间前和离开时应准确清点人数

第二节　施工安全管理要点

考点　施工安全管理要求

3. 【刷基础】下列关于基坑开挖安全管理一般要求的说法，错误的是（　　）。[单选]
   A. 基坑工程施工前应编制专项施工方案
   B. 同一垂直作业面的上下层不宜同时作业，需同时作业时，上下层之间应采取隔离防护措施
   C. 开挖深度超过 2m 的基坑周边必须安装防护栏杆
   D. 在电力管线、通信管线、燃气管线、上下水管线 2m 范围内挖土时，应有专人监护

4. 【刷基础】地下水的控制方法主要有（　　）。[多选]
   A. 降水　　B. 截水　　D. 防水　　C. 排水
   E. 回灌

5. 【刷重点】下列关于起重吊装安全管理要点的说法，正确的有（　　）。[多选]
   A. 起重机械的各种安全保护装置应齐全有效
   B. 门式起重机应设置夹轨器和轨道限位器
   C. 门式起重机在没有障碍物的线路上运行时，吊钩或吊具以及吊物底面，必须离地面 2m 以上
   D. 两台起重机共同起吊一货物时，各自分担的载荷值应小于一台起重机的额定总起重量的 75%
   E. 两台起重机共同起吊一货物时，其重物的重量不得超过两机起重量总和的 80%

[选择题] 参考答案

1. C　　2. ACE　　3. D　　4. ABE　　5. ABC

学习总结

第十八章　绿色施工及现场环境管理

第一节　绿色施工管理

考点　施工现场资源节约与循环利用

1. 【刷基础】下列关于施工现场资源节约与循环利用的说法，错误的是（　　）。[单选]

A. 建筑材料包装物回收率应达到100%

B. 施工现场办公区、生活区的生活用水应采用节水器具，节水器具配置率应达到80%

C. 办公、生活和施工现场，采用节能照明灯具的数量应大于80%

D. 建筑垃圾回收利用率应达到30%

2. 【刷重点】下列关于节水与水资源利用的说法，正确的有（　　）。[多选]

A. 应根据工程特点，制定用水定额

B. 施工现场的生活用水与工程用水可以合并计量

C. 冲洗现场机具、设备、车辆用水，应设立循环用水装置

D. 喷洒路面、绿化浇灌不应使用自来水

E. 现场应使用经检验合格的传统水源

3. 【刷重点】下列关于建筑垃圾处置的说法，正确的有（　　）。[多选]

A. 建筑垃圾应分类收集、集中堆放

B. 碎石和土石方等应用作地基和路基回填材料

C. 有毒有害废物分类率应达到90%

D. 废电池、废墨盒等有毒有害的废弃物应封闭回收

E. 建筑垃圾回收利用率应达到30%

第二节　施工现场环境管理

考点　施工现场文明施工管理

4. 【刷基础】施工现场必须设有“五牌一图”，即工程概况牌、管理人员名单及监督电话牌、（　　）和施工现场总平面图。[单选]

A. 消防保卫（防火责任）牌、安全生产牌、文明施工牌

B. 消防保卫（防火责任）牌、监督指导牌、绿色施工牌

C. 消防安全（防火责任）牌、安全生产牌、绿色施工牌

D. 消防安全（防火责任）牌、监督指导牌、文明施工牌

5. 【刷基础】绿色施工的原则包括（　　）。[多选]

A. 以人为本

B. 因地制宜

C. 效益优先

D. 资源高效利用

E. 环保优先

6. 【刷重点】下列关于施工现场围挡设置的说法，正确的有（　　）。[多选]

A. 施工现场必须实行封闭管理

B. 沿工地四周连续设置围挡

C. 市区主要路段和其他涉及市容景观路段的工地设置围挡的高度不低于2.0m

D. 其他工地的围挡高度不低于1.5m

E. 严格执行外来人员进场登记制度

［选择题］参考答案

1. B　　2. ACD　　3. ABDE　　4. A　　5. ABDE　　6. ABE

学习总结

第四篇 案例专题

专题一 城镇道路工程

第一题

【刷案例】路基施工

背景资料：

某公司承建南方一主干路工程，道路全长 2.2km，地勘报告揭示 K1＋500～K1＋650 处有一暗塘，其他路段为杂填土，暗塘位置如图 4-1 所示，设计单位在暗塘范围采用双轴水泥土搅拌桩加固的方式对机动车道路基进行复合路基处理，其他部分采用改良换填的方式进行处理，路基横断面如图 4-2 所示。

为保证杆线落地安全处置，设计单位在暗塘左侧人行道下方布设现浇钢筋混凝土盖板管沟，将既有低压电力、通信线缆设在沟内，盖板管沟断面如图 4-3 所示。

针对改良换填路段，项目部在全线施工展开之前做了 100m 的标准试验段，以便选择压实机具、压实方式等。

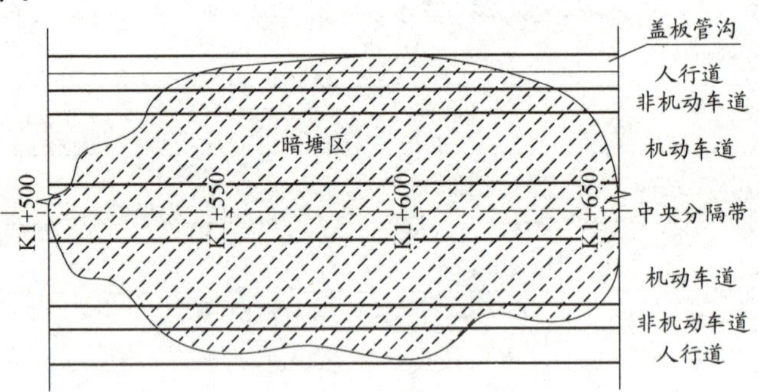

图 4-1 暗塘位置平面布置示意图

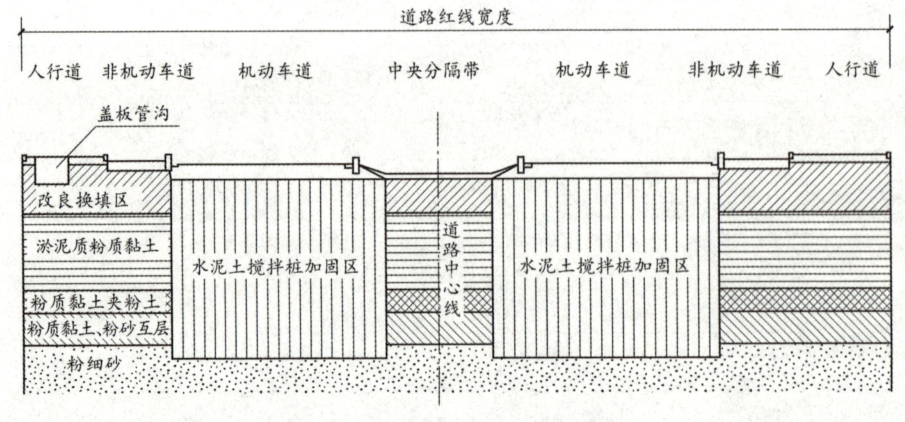

图 4-2 暗塘区路基横断面示意图

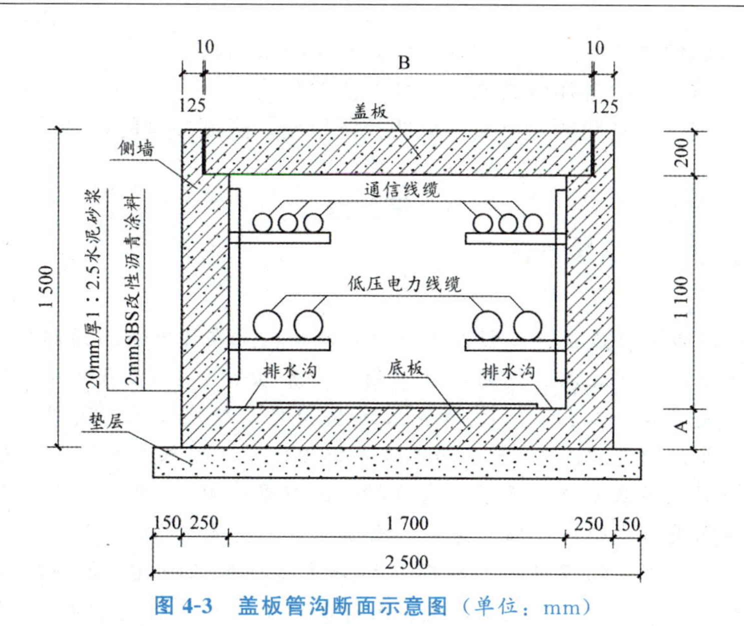

图 4-3　盖板管沟断面示意图（单位：mm）

问题：

1. 按设计要求，项目部应采用喷浆型搅拌桩机还是喷粉型搅拌桩机？
2. 写出水泥土搅拌桩的优点。
3. 写出图 4-3 中涂料层及水泥砂浆层的作用，补齐底板厚度 A 和盖板宽度 B 的尺寸。
4. 补充标准试验段需要确定的技术参数。

第二题

【刷案例】路面施工

背景资料：

某城市主干道路改扩建工程，道路结构层为：上面层为 4cm 厚沥青混合料，中面层为 5cm 厚中粒式沥青混凝土，底面层为 6cm 厚粗粒式沥青混凝土，基层为 36cm 厚石灰粉煤灰稳定碎石，底基层为 30cm 厚 12%石灰土，结构总厚度为 81cm，线路长度为 1.98km，随路铺设雨、污水和燃气管线，施工红线范围内需拆迁较多房屋，合同的工期为当年 5 月 16 日至 9 月 15 日。

由于该工程施工环境复杂，管线与道路施工互相干扰，施工过程中发生如下事件：

事件一：管线施工遇地下障碍物，依据变更设计编制施工组织设计变更方案，经项目经理审批后执行。

事件二：试验员取沟槽挖方的暂存土作为道路石灰土底基层填方用土进行轻型击实试验。

事件三：为保障摊铺石灰粉煤灰稳定碎石基层的施工进度，在现场大量暂存二灰碎石，摊铺碾压时已超过 24h，基层成型后，发现二灰基层表面松散，骨料明显离析。

事件四：为防止刮风扬尘，现场对基层采取洒大水方式，碾压后发现表面不平整，局部有水渍和坑凹现象，现场采用薄层贴补二灰碎石进行找平，保障基层的平整度。

事件五：受拆迁影响，道路二灰基层摊铺计划工期拖延 10d，后期增加人员和机械进行抢工，但总工期仍然滞后 3d 完成主干道路的施工。

问题：

1. 施工组织设计变更审批程序是否妥当？如不妥当，写出正确做法。
2. 底基层用土样试验标准是否正确？如不正确，写出正确标准。

3. 二灰碎石的使用是否正确？如不正确，写出正确做法。
4. 指出碾压过程有哪些违规之处？有什么主要危害？
5. 结合项目进度控制问题指出应采取的控制措施，进度控制的最终目标是什么？

第三题

【刷案例】道路改扩建

背景资料：

某公司承建城市道路改扩建工程，工程内容包括：①在原有道路两侧各增设隔离带、非机动车道及人行道；②在北侧非机动车道下新增一条长800m、直径为*DN*500的雨水主管道，雨水口连接支管口径为*DN*300，管材采用HDPE双壁波纹管，胶圈柔性接口，主管道内连接现有检查井，管道埋深为4m，雨水口连接管位于道路基层内；③在原有机动车道上加铺厚50mm改性沥青混凝土上面层。道路横断面布置如图4-4所示。

施工范围内土质以硬塑粉质黏土为主，土质均匀，无地下水。

项目部编制的施工组织设计将工程项目划分为三个施工阶段：第一阶段为雨水管道施工；第二阶段为两侧隔离带、非机动车道、人行道施工；第三阶段为原机动车道加铺沥青混凝土面层。同时编制了各施工阶段的施工技术方案，内容有：

（1）为确保道路正常通行及文明施工要求，根据三个施工阶段的施工特点，在图4-4中A、B、C、D、E、F所示的6个节点上分别设置各施工阶段的施工围挡。

（2）主管道沟槽开挖由东向西按井段逐段进行，拟定的槽底宽度为1 600mm、南北两侧的边坡坡度分别为1∶0.5和1∶0.67，采用机械挖土，人工清底；回用土存放在沟槽北侧，南侧设置管材存放区，弃土运至指定存土场地。

（3）原机动车道加铺改性沥青路面施工，安排在两侧非机动车道施工完成并导入社会交通后，整幅分段施工。加铺前对旧机动车道面层进行铣刨、裂缝处理、井盖高度提升、清扫、喷洒（刷）粘层油等准备工作。

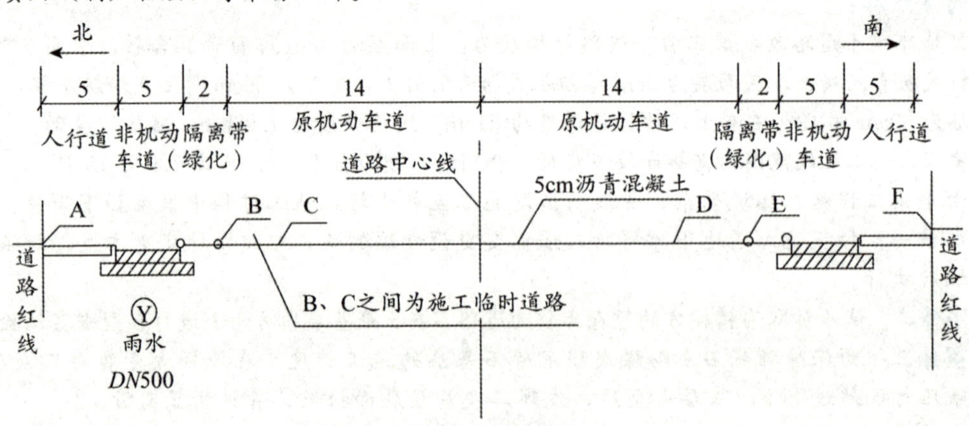

图4-4 道路横断面布置示意图（单位：m）

问题：

1. 本工程雨水口连接支管施工应有哪些技术要求？
2. 用图中的节点代号，分别指出各个施工阶段设置围挡的区间。
3. 写出确定主管道沟槽开挖宽度及两侧槽壁放坡坡度的依据。
4. 现场土方存放与运输时应采取哪些环保措施？
5. 加铺改性沥青面层施工时，应在哪些部位喷洒（刷）粘层油？

专题二 城市桥梁工程

第四题

【刷案例】桥梁上部结构施工

背景资料：

某公司承接了某市高架桥工程，桥幅宽 25m，共 14 跨，跨径为 16m，为双向六车道，上部结构为预应力空心板梁，半幅桥断面示意图如图 4-5 所示。

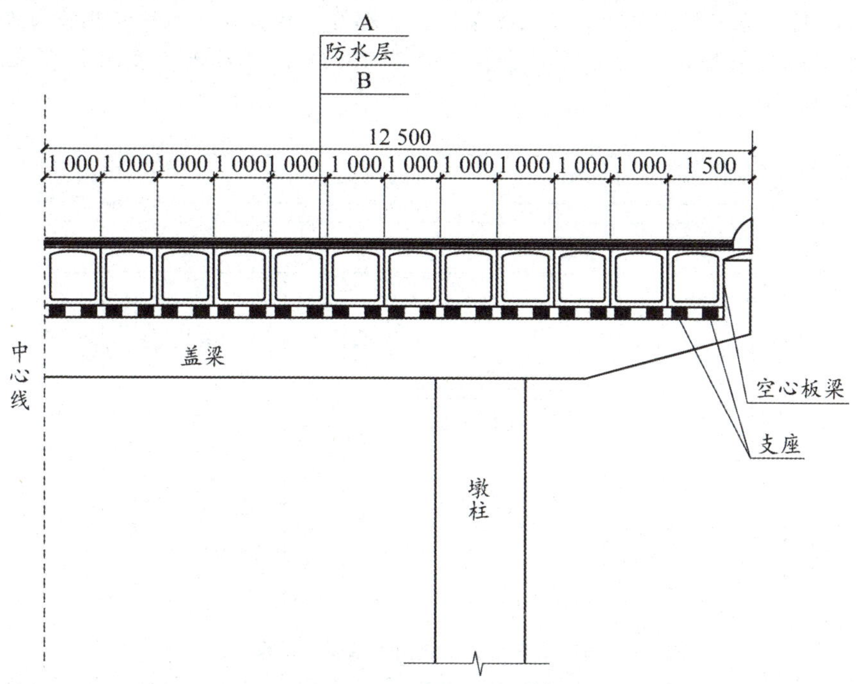

图 4-5 半幅桥梁横断面示意图（单位：mm）

合同约定 4 月 1 日开工，国庆通车，工期 6 个月。其中，预制梁场（包括底模）建设需要 1 个月，预应力空心板梁预制（含移梁）需要 4 个月，制梁期间正值高温，后续工程施工需要 1 个月。每片空心板预制只有 7d 时间，项目部制定的空心板梁施工工艺流程依次为：钢筋安装→C→模板安装→钢绞线穿束→D→养护→拆除边模→E→压浆→F，移梁让出底模。

项目部采购了一批钢绞线共计 50t，抽取部分进行了力学性能试验及其他试验，检验合格后用于预应力空心板制作。

问题：

1. 写出图中桥面铺装层中 A、B 的名称。

2. 写出图中桥梁支座的作用，以及支座的名称。

3. 列式计算预应力空心板梁加工至少需要的模板数量。(每月按 30d 计算)

4. 补齐项目部制定的预应力空心板梁施工工艺流程，写出 C、D、E、F 代表的工序名称。

5. 项目部采购的钢绞线按规定应抽取多少盘进行力学性能试验和其他试验?

第五题

【刷案例】桥梁上部结构施工

背景资料：

某桥梁工程项目的下部结构已全部完成，受政府指令工期的影响，业主将尚未施工的上部结构分成A、B两个标段，对B标段重新招标。桥面宽度为17.5m，桥下净空为6m，上部结构设计为钢筋混凝土预应力现浇箱梁（三跨一联），共40联。原施工单位甲公司承担A标段，该标段施工现场系既有废弃公路无须处理，满足支架法施工条件，甲公司按业主要求对原施工组织设计进行了重大变更调整；新中标的乙公司承担B标段，因B标段施工现场地处闲置弃土场，地域宽广平坦，满足支架法施工部分条件，其中纵坡变化较大部分为跨越既有正在通行的高架桥段，新建桥下净空高度达13.3m。跨越既有高架桥断面示意图如图4-6所示。

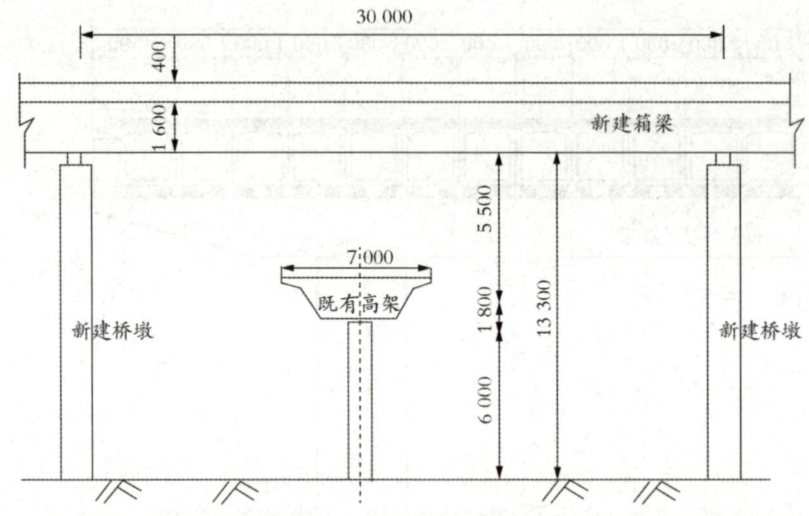

图4-6　跨越既有高架桥断面示意图（单位：mm）

甲、乙两公司接受任务后立即组织力量展开了施工竞赛。甲公司利用既有公路作为支架基础，地基承载力符合要求。乙公司为赶工期，将原地面稍作整平后即展开支架搭设工作，很快进度超过甲公司。支架全部完成后，项目部组织了支架质量检查并批准模板安装。模板安装完成后开始绑扎钢筋。指挥部检查中发现乙公司施工管理存在问题，下发了停工整改通知单。

问题：

1. 原施工组织设计中，主要施工资源配置有重大变更调整，项目部应如何处理？重新开工之前，技术负责人和安全负责人应完成什么工作？

2. 满足支架法施工的部分条件指的是什么？

3. B标段支架搭设场地是否满足支架的地基承载力，应如何处置？

4. 支架搭设前技术负责人应做好哪些工作？桥下净高13.3m的部分如何办理手续？

5. 支架搭设完成和模板安装后用什么方法解决变形问题？支架拼装间隙和地基沉降在桥梁建设中属于哪一类变形？

6. 跨越既有高架部分的桥梁施工须到什么部门补充办理手续？

第六题

【刷案例】桥梁上部结构施工

某公司承建一座城市桥梁，该桥上部结构为 6×20m 简支预制预应力混凝土空心板梁，每跨设置边梁 2 片，中梁 24 片；下部结构为盖梁及 Φ1 000mm 圆柱式墩，重力式 U 型桥台，基础均采用 Φ1 200mm 钢筋混凝土钻孔灌注桩。桥墩构造如图 4-7 所示。

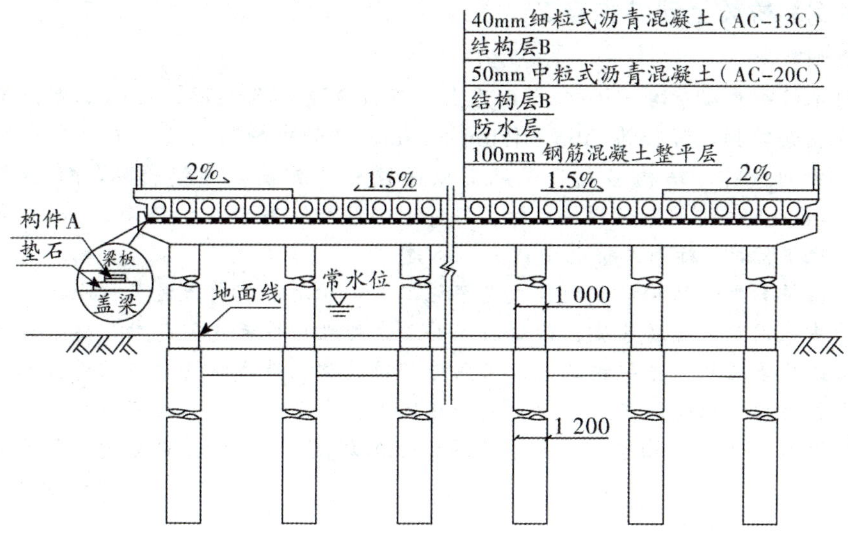

图 4-7　桥墩构造示意图（单位：mm）

开工前，项目部对该桥划分了相应的分部、分项工程和检验批，作为施工质量检查、验收的基础。划分后的分部（子分部）、分项工程及检验批对照表见表 4-1。

表 4-1　桥梁分部（子分部）、分项工程及检验批对照表（节选）

序号	分部工程	子分部工程	分项工程	检验批
1	地基与基础	灌注桩	机械成孔	54（根桩）
			钢筋笼制作与安装	54（根桩）
			C	54（根桩）
		承台	……	……
2	墩台	现浇混凝土墩台	……	……
		台背填土	……	……
3	盖梁		D	E
			钢筋	E
			混凝土	E
……	……	……	……	……

工程完工后，项目部立即向当地工程质量监督机构申请工程竣工验收，该申请未被受理。此后，项目部按照工程竣工验收规定对工程进行全面检查和整修，确认工程符合竣工验收条件后，重新申请工程竣工验收。

问题：

1. 写出图中构件 A 和桥面铺装结构层 B 的名称，并说明构件 A 在桥梁结构中的作用。
2. 列式计算图中构件 A 在桥梁中的总数量。

3. 写出表中 C、D 和 E 的内容。
4. 施工单位应向哪个单位申请工程的竣工验收?
5. 工程完工后,施工单位在申请工程竣工验收前应做好哪些工作?

第七题

【刷案例】桥梁上部结构施工

背景资料:

某公司承接一座城市跨河桥 A 标,为上、下行分离的两幅桥,上部结构为现浇预应力混凝土连续箱梁结构,跨径为 70m+120m+70m。建设中的轻轨交通工程 B 标高架桥在 A 标两幅桥梁中间修建,结构形式为现浇变截面预应力混凝土连续箱梁,跨径为 87.5m+145m+87.5m。三幅桥间距较近,B 标高架桥上部结构底高于 A 标桥面 3.5m 以上。为方便施工协调,经议标,B 标高架桥也由该公司承建。

A 标两幅桥的上部结构采用碗扣式支架施工。由于所跨越河道流量较小,水面窄,项目部施工设计中采用双孔管涵导流,回填河道并压实处理后作为支架基础,待上部结构施工完毕以后挖除,恢复原状。支架施工前,采用 1.1 倍的施工荷载对支架基础进行预压。支架搭设时,预留拱度考虑承受施工荷载后支架产生的弹性变形。

B 标晚于 A 标开工,由于河道疏浚贯通节点工期较早,B 标上部结构不具备采用支架法施工条件。

问题:

1. 该公司项目部设计导流管涵时,必须考虑哪些要求?
2. 支架预留拱度还应考虑哪些变形?
3. 支架施工前,对支架基础预压的主要目的是什么?
4. B 标连续梁施工采用何种方法最适合?说明这种施工方法的正确浇筑顺序。

专题三　城市隧道工程

第八题

【刷案例】地铁车站施工

某公司承建一项地铁车站土建工程，车站长236m，标准段宽19.6m，底板埋深16.2m，地下水位标高为13.5m，车站为地下二层三跨岛式结构，采用明挖法施工，围护结构为地下连续墙，内支撑第一道为钢筋混凝土支撑，其余为ϕ800mm钢管支撑，基坑内设管井降水，车站围护结构及支撑断面示意如图4-8所示。

项目部为加强施工过程变形监测，结合车站基坑风险等级编制了监测方案，其中应测项目包括地连墙顶面的水平位移和竖向位移。

项目部将整个车站划分为12仓施工，标准段每仓长度20m，每仓的混凝土浇筑施工顺序为：垫层→底板→负二层侧墙→中板→负一层侧墙→顶板。项目部按照上述工序和规范要求设置了水平施工缝，其中底板与负二层侧墙的水平施工缝设置如图4-9所示。

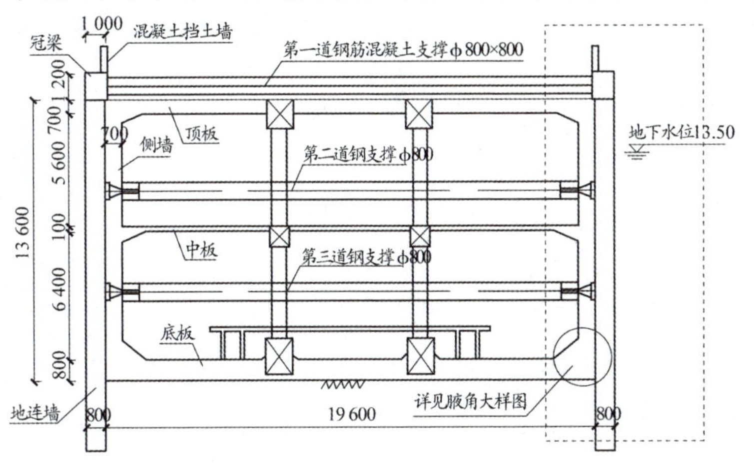

图4-8　车站围护结构及支撑断面示意图（单位：mm）

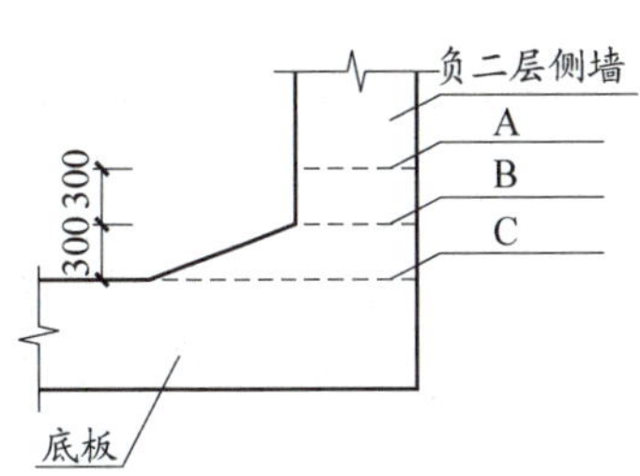

图4-9　底板与负二层侧墙的水平施工缝设置图（单位：mm）

标准段某仓顶板施工时，日均气温23℃，为检验评定混凝土强度，控制模板拆除时间，项目部按相关要求留置了混凝土试件。

顶板模板支撑体系采用盘扣式满堂支架，项目部编制了支架搭设专项方案，由于搭设高度不足8m，项目部认为该方案不必经过专家论证。

问题：

1. 判断该基坑自身风险等级为几级？补充其他监测应测项目。
2. 图4-8右侧虚线断面内应铺设几道水平施工缝？写出图4-9中底板与负二层侧墙水平施工缝正确位置对应的字母。
3. 该仓顶板混凝土浇筑过程应留置几组混凝土试样，写出对应的养护条件。
4. 支架搭设方案是否需经专家论证，写出原因。

第九题

【刷 案例】地铁盾构施工

背景资料：

某地铁盾构工作井，平面尺寸为18.6m×18.8m，深28m，位于砂性土、卵石地层，地下水埋深为地表以下23m。施工影响范围内有现状给水、雨水、污水等多条市政管线。盾构工作井采用明挖法施工，围护结构为钻孔灌注桩加钢支撑，盾构工作井周边设降水管井。设计要求基坑土方开挖分层厚度不大于1.5m，基坑周边2～3m范围内堆载不大于30MPa，地下水位需在开挖前1个月降至基坑底以下1m。

项目部编制的施工组织设计有如下事项：

(1) 施工现场平面布置如图4-10所示，布置内容有施工围挡范围50m×22m，东侧围挡距居民楼15m，西侧围挡与现状道路步道路缘平齐；搅拌设施及堆土场设置于基坑外缘1m处，布置了临时用电、临时用水等设施；场地进行硬化等。

(2) 考虑盾构工作井基坑施工进入雨季，基坑围护结构上部设置挡水墙，防止雨水漫入基坑。

(3) 基坑开挖监测项目有地表沉降、道路（管线）沉降、支撑轴力等。

(4) 应急预案分析了基坑土方开挖过程中可能引起基坑坍塌的因素包括钢支撑敷设不及时、未及时喷射混凝土支护等。

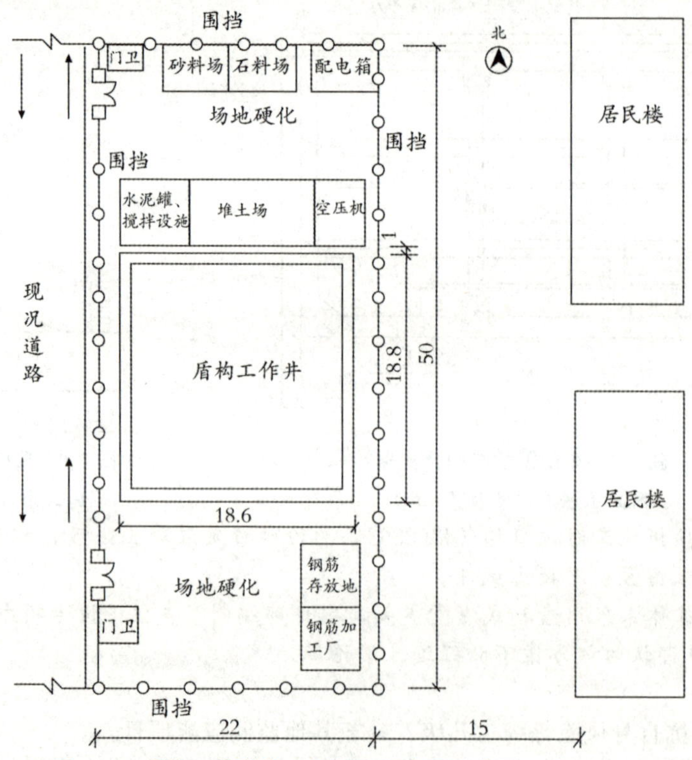

图4-10 盾构工作井施工现场平面布置示意图（单位：m）

问题：

1. 基坑施工前有哪些危险性较大的分部分项工程的安全专项施工方案需要专家论证？
2. 施工现场平面布置图还应补充哪些临时设施？请指出布置不合理之处。
3. 施工组织设计（3）中基坑监测还应包括哪些项目？
4. 基坑坍塌应急预案还应考虑哪些危险因素？

专题四　城市管道工程

第十题

【刷案例】排水管道施工

背景资料：

某公司承建一项道路扩建工程，在原有道路一侧扩建，并在路口处与现况道路平接。现况道路下方有多条市政管线，新建雨水管线接入现况路下既有雨水管线，项目部进场后，编制了施工组织设计、管线施工方案、道路施工方案、交通导行方案、季节性施工方案。

道路中央分隔带下布设一条 $D1\,200$mm 雨水管线，管线长度 800m，采用平接口钢筋混凝土管，道路及雨水管线布置平面图如图 4-11 所示。沟槽开挖深度 $H\leqslant4$m 时，采用放坡法施工，$H>4$m 时，采用钢板桩加内支撑进行支护。沟槽开挖断面如图 4-12 所示。

为保证管道回填的质量要求，项目部选取了适宜的回填材料，并按规范要求施工。扩建道路与现况道路均为沥青混凝土路面，在新旧路接头处，为防止产生裂缝，采用阶梯形接缝。新旧路接缝处逐层骑缝设置了土工格栅。

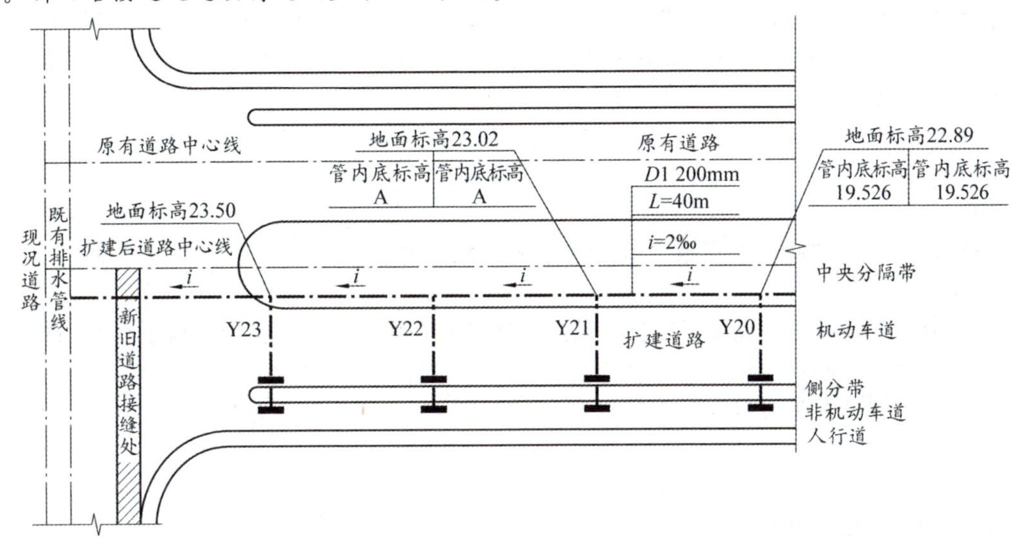

图 4-11　道路及雨水管线布置平面示意图

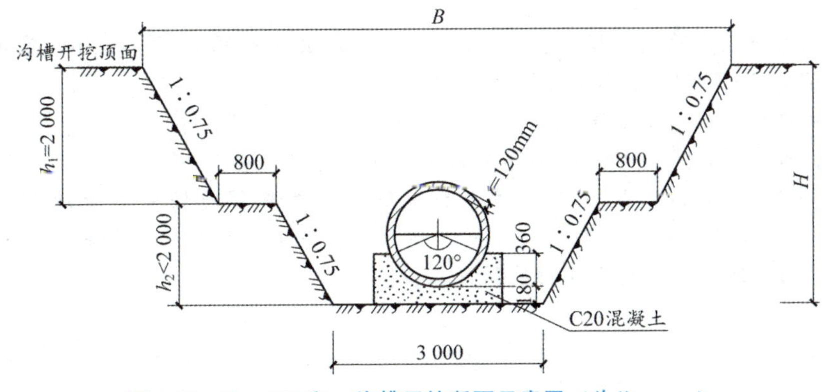

图 4-12　3m<H≤4m 沟槽开挖断面示意图（单位：mm）

问题：

1. 补充该项目还需要编制的专项施工方案。

2. 计算图4-11中Y21管内底标高A、图4-12中该处的开挖深度H以及沟槽开挖断面上口宽度B（保留1位小数）。（单位：m）

3. 写出管道两侧及管顶以上500mm范围内回填土应注意的施工要点。

4. 写出新旧路接缝处，除骑缝设置土工格栅外的其他工序。

第十一题

【刷案例】排水管道施工

背景资料：

某道路工程总承包单位为A公司，合同总工期为180d。A公司把雨水管工程分包给B公司。B公司根据分包项目工程量、施工方案及计划投入的工料机，编制了管线施工的进度计划。施工过程中发生如下事件：

事件一： 路基工程施工时，A公司项目部发现某里程处存在一处勘察资料中没有提及的大型暗浜。对此，施工单位设计了处理方案，采用换填法进行了处理。施工后，A公司就所发生的事件对建设单位提出索赔要求，建设单位要求A公司提供索赔依据。

事件二： 该雨水管道施工采用开槽施工，施工过程中，使用机械开挖，并预留100mm土层，由人工开挖至设计高程，槽底局部受水浸泡，没有做相关处理措施；施工人员直接攀爬支撑上下沟槽。

事件三： 工程实施后，由于分包单位与总承包单位进度计划不协调，总工期延长为212d。

问题：

1. 补充B公司编制雨水管施工进度计划的依据，并指明A、B两公司处理进度关系的正确做法。

2. 该雨水管道施工过程中，B公司做法是否正确？如不正确，指出错误之处并纠正。

3. A公司处理暗浜应按什么程序进行？

4. 施工单位可索赔的内容有哪些？根据索赔内容应提供哪些索赔依据？

第十二题

【刷案例】燃气管道施工

背景资料：

某公司承建一项天然气管线工程，全长1 380m，公称外径DN110mm，采用聚乙烯燃气管道（SDR11 PE100），直埋敷设，热熔连接。

工程实施过程中发生了如下事件：

事件一： 开工前，项目部对现场焊工的执业资格进行检查。

事件二： 管材进场后，监理工程师检查发现聚乙烯直管现场露天堆放，堆放高度达1.8m，项目部既未采取安全措施，也未采用棚护。监理工程师签发通知单要求项目部进行整改，并按表4-2所列项目及方法对管材进行检查。

表 4-2　聚乙烯管材进场检查项目及检查方法

检查项目	检查方法
A	查看资料
检测报告	查看资料
使用的聚乙烯原料级别和牌号	查看资料
B	目测
颜色	目测
长度	量测
不圆度	量测
外径及壁厚	量测
生产日期	查看资料
产品标志	目测

事件三：管道焊接前，项目部组织焊工进行现场试焊，试焊后，项目部相关人员对管道连接接头的质量进行了检查，并根据检查情况完善了焊接作业指导书。

问题：

1. 事件一中，本工程管道焊接的焊工应具备哪些资格条件？
2. 事件二中，直管堆放的最高高度应为多少，应采取哪些安全措施？管道采用棚护的主要目的是什么？
3. 写出检查项目及检查方法表中检查项目 A 和 B 的名称。
4. 事件三中，热熔焊接对焊接工艺评定检验与试验项目有哪些？
5. 事件三中，聚乙烯直管焊接接头质量检查包括哪些项目？

第十三题

【刷案例】燃气管道施工

背景资料：

某城市道路改造工程，道路施工的综合管线有 0.4MPa 的 *DN*500 中压燃气、*DN*1 000 给水管并排铺设在道路下，燃气管道与给水管材均为钢管，实施双管合槽施工。热力隧道工程采用暗挖工艺施工。承包方 A 公司将工程的其中一段热力隧道工程分包给 B 公司，并签了分包合同。施工过程中，发生如下事件：

事件一：B 公司发现该处地层中含有砂卵石，并且含水量较高，但认为根据已有经验和这个土层的段落较短，出于省事省钱的动机，不仅没有进行超前注浆加固等加固措施，反而加大了开挖的循环进尺，试图“速战速决，冲过去”，丝毫未理睬承包方 A 公司派驻 B 方现场监督检查人员的劝阻。结果发生隧道塌方事故，造成了 3 人死亡。

事件二：事故调查组在核查 B 公司施工资格和安全生产保证体系时发现，B 公司根本不具备安全施工条件。

问题：

1. 燃气管与给水管的水平净距以及燃气管顶与路面的距离有何要求？
2. 试述燃气管道强度试验和严密性试验的压力、稳定时间及合格标准。
3. 试分析该隧道工程可以采用哪些施工方法，并说明理由。
4. 对发生的安全事故，A 公司在哪些方面有责任？
5. 指出事件一中 B 公司做法的不妥之处，并分析 B 公司对事故应该怎么负责？

专题五　案例综合

第十四题

【刷案例】基坑施工

背景资料：

某公司承包一座雨水泵站工程，泵站结构尺寸为23.4m（长）×13.2m（宽）×9.7m（高），地下部分深度为5.5m，位于粉土、砂土层，地下水位为地面下3.0m。设计要求基坑采用明挖放坡，每层开挖深度不大于2.0m，坡面采用锚杆喷射混凝土支护，基坑周边设置轻型井点降水。

基坑临近城市次干路，围挡施工占用部分现况道路，项目部编制了交通导行平面示意图（图4-13），在路边按要求设置了A区、上游过渡区、B区、作业区、下游过渡区、C区六个区段，配备了交通导行标志、防护设施、夜间警示信号。

基坑周边地下管线比较密集，项目部针对地下管线距基坑较近的现况制定了管理保护措施，设置了明显的标识。

(1) 项目部的施工组织设计文件中包括质量、进度、安全、文明环保施工、成本控制等保证措施；基坑土方开挖等安全专项施工技术方案，经审批后开始施工。

(2) 为了能在雨期前完成基坑施工，项目部拟采取以下措施：①采用机械分两层开挖；②开挖到基底标高后一次完成边坡支护；③机械直接开挖到基底标高夯实后，报请建设、监理单位进行地基验收。

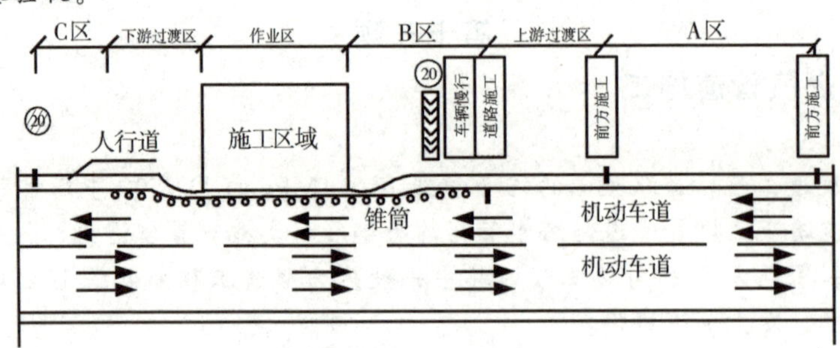

图4-13　交通导行平面示意图

问题：

1. 补充施工组织设计文件中缺少的保证措施。
2. 交通导行平面示意图中，A、B、C功能区的名称分别是什么？
3. 项目部除编制地下管线保护措施外，在施工过程中还需做哪些具体工作？
4. 指出项目部拟采取加快进度措施的不妥之处，写出正确的做法。
5. 地基验收时，还需要哪些单位参加？

第十五题

【刷案例】造价、合同管理

背景资料：

A公司中标某市城区高架路工程第二标段。本工程包括高架桥梁、地面辅道及其他附属工程，工程采用工程量清单计价，并在清单中列出了措施项目，双方签订了建设工程施工合同，其

中约定工程款支付方式为按月计量支付，并约定发生争议时向工程所在地仲裁委员会申请仲裁。

对清单中某措施项目，A公司报价100万元。施工中，由于该措施项目实际发生费用为180万元，A公司拟向业主提出索赔。

业主推荐B公司分包钻孔灌注桩工程，A公司审查了B公司的资质后，与B公司签订了工程分包合同。在施工过程中，由于B公司操作人员违章作业，损坏通讯光缆，大范围通讯中断，A公司为此支付了50万元补偿款。

A公司为了应对地方材料可能涨价的风险，中标后即与某石料厂签订了价值400万元的道路基层碎石料的采购合同，约定了交货日期及违约责任（规定违约金为合同价款的5%）并交付了50万元定金。到了交货期，对方以价格上涨为由提出终止合同，A公司认为对方违约，计划提出索赔。

施工过程中，经业主同意，为保护既有地下管线，增加了部分工作内容，而原清单中没有相同项目。工程竣工，保修期满后，业主无故拖欠A公司工程款，经多次催要无果。A公司计划对业主提起诉讼。

问题：

1. 在投标报价阶段，为了既不提高总价且不影响中标，又能在结算时得到更理想的效益，组价以后可以做怎样的单价调整？A公司就措施项目向业主索赔是否妥当？说明理由。
2. 本工程是什么方式的计价合同？它有什么特点？
3. A公司应该承担B公司造成损失的责任吗？说明理由。
4. A公司可向石料厂提出哪两种索赔要求？并计算相应索赔额。
5. 背景资料中变更部分的合同价款应根据什么原则确定？
6. 对业主拖欠工程款的行为，A公司可以对业主提起诉讼吗？说明原因。如果业主拒绝支付工程款，A公司应如何通过法律途径解决本工程拖欠款问题？

第十六题

【刷案例】招标投标管理

背景资料：

某市进行市政工程招标，投标人范围限定为本省大型国有企业。甲公司为了中标，联合当地一家施工企业进行投标，并成立了两个投标文件编制小组，一个小组负责商务标编制，一个小组负责技术标编制。

在投标过程中，由于时间紧张，商务标编写组重点对造价影响较大的原材料、人工费进行了询价，直接采用招标文件给定的分部分项工程量清单进行报价；招标文件中的措施费项目只给了项目，没有工程数量，甲公司凭以往的投标经验进行报价。

招标文件要求本工程工期为180d，技术编制小组编制了施工组织设计，对进度安排采用网络计划图来表示，如图4-14所示。

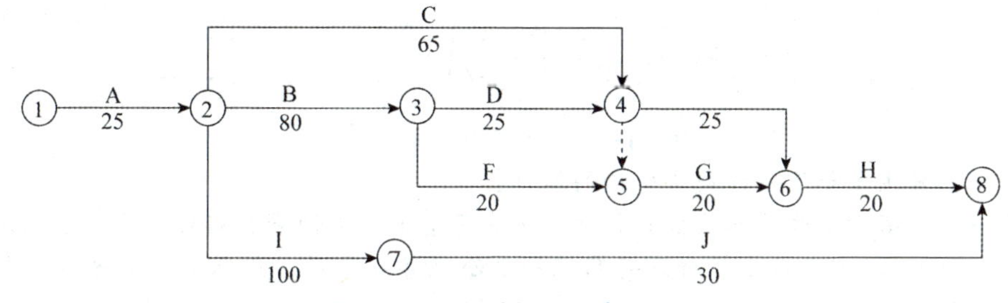

图4-14　网络计划图（单位：d）

最终形成的技术标包括：①工程概况及编制说明；②项目部组成及管理体系和各项保证措施及计划；③施工部署、进度计划和施工方法选择；④各种资源需求计划；⑤关键分项工程和危险性较大工程的施工专项方案。

实际施工过程中，工作C因甲公司原因延误30d，甲公司向甲方单位提出索赔。

问题：

1. 建设单位对投标单位的限定是否合法？说明理由。
2. 商务标编制存在不妥之处，请予以改正。
3. 技术标编写组绘出的网络计划图工期为多少？给出关键线路，并说明工期是否满足招标文件要求。
4. 试分析甲公司提出索赔是否合理？说明理由。
5. 最终的技术标还应补充哪些内容？

第十七题

【刷案例】施工组织设计与进度管理

背景资料：

某公司承接了某城市道路的改扩建工程。工程中包含一段长240m的新增路线（含下水道200m）和一段长220m的路面改造（含下水道200m），另需拆除一座旧的人行天桥，新建一座立交桥。工程位于城市繁华地带，建筑物多，地下管网密集，交通量大。

新增线路部分地下水位位于−4.000m处（原地面高程为±0.000），下水道基坑底设计高程为−5.500m，立交桥上部结构为预应力箱梁，采用预制吊装施工。

项目部组织有关人员编写了施工组织设计，其中进度计划如图4-15所示，并绘制了一张总平面布置图，要求工程从开工到完工严格按该图进行平面布置。

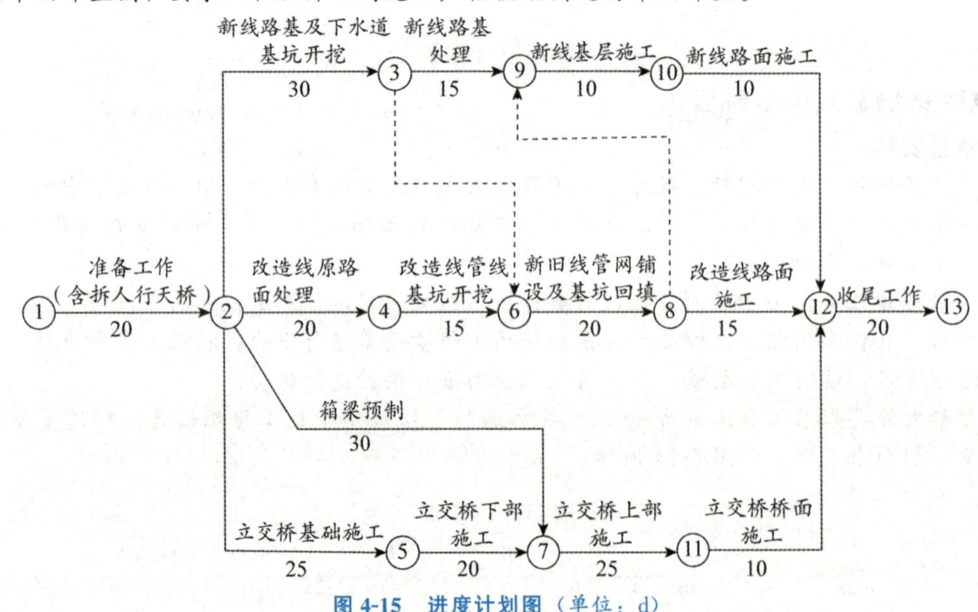

图4-15 进度计划图（单位：d）

施工中，发生了如下导致施工暂停的事件：

事件一：在新增路线管网基坑开挖施工中，原有地下管网资料标注的城市主供水管和光电缆位于−3.000m处，但由于标志的高程和平面位置的偏差，供水管和光电缆被挖断，使开挖施工暂停14d。

事件二： 在改造路面施工中，由于摊铺机设备故障，施工中断 7d。项目部针对施工中发生的情况，积极收集进度资料，并向上级公司提交了月度进度报告，报告中综合描述了进度执行情况。

问题：

1. 案例中关于施工平面布置图的使用是否正确？说明理由。
2. 计算工程总工期，并指出关键线路（指出节点顺序即可）。
3. 分析施工中先后发生的两次事件对工期产生的影响。如果项目部提出工期索赔，应获得几天延期？说明理由。
4. 补充项目部向企业提供月度施工进度报告的内容。

参考答案

专题一　城镇道路工程

第一题

1. 项目部应选用喷浆型搅拌机。
喷浆型搅拌机常用的有单轴、双轴、三轴及多轴搅拌机，喷粉型搅拌机目前仅有单轴一种。
2. 水泥土搅拌桩的优点有：
（1）最大限度地利用了原土。
（2）搅拌时无振动、无噪声和无污染，可在密集建筑群中进行施工，对周围原有建筑物及地下沟管影响很小。
（3）根据上部结构的需要，可灵活地采用柱状、壁状、格栅状和块状等加固形式。
（4）与钢筋混凝土桩基相比，可节约钢材并降低造价。
3. （1）涂料层作用：防水、防渗、隔离保护。
水泥砂浆层作用：对防水层起保护作用，防止后续回填等施工破坏防水层。
（2）底板厚度 A＝1 500－1 100－200＝200（mm）。
盖板宽度 B＝1 700＋250×2－125×2－10×2＝1 930（mm）。
4. 标准试验段需要确定的技术参数还有预沉量值、压实遍数、虚铺厚度。

第二题

1. （1）不妥当。
（2）正确做法：施工组织设计应经总承包单位技术负责人审批并加盖企业公章。
2. （1）不正确。
（2）正确做法：城市主干道路路基土填方应执行重型击实标准，取样应经现场监理查看后再做标准击实试验。
3. （1）不正确。
（2）正确做法：拌成的二灰混合料堆放时间不得超过 24h，否则将影响二灰混合料的强度，失水后再碾压将影响基层的质量。
4. （1）有两处违反施工技术规程要求：
①为防止扬尘，对基层洒大水；
②采用薄层贴补方式进行找平。
（2）其危害主要有：
①对基层洒大水，改变二灰混合料的含水量，将影响压实度，对水渍集中处还可能造成翻浆；
②采用二灰碎石薄层贴补方式进行找平，将破坏道路基层的整体性，投入使用后当重车碾压时，薄层将脱落，甚至造成路面沥青混凝土的破损。
5. （1）应密切跟踪计划，监督计划的执行，当发现进度计划受到干扰时，应采取调整措施，控制进度计划的有效实施。
（2）项目进度控制要以实现施工合同约定的竣工日期为最终目标。

第三题

1. 雨水口连接支管施工的技术要求：雨水口位置应符合设计要求，不得歪扭；井圈与井墙吻合，允许偏差应为±10mm；井圈与道路边线相邻边的距离应相等，其允许偏差为10mm；雨水支管的管口应与井墙平齐；雨水口支管连接胶圈尺寸、位置符合设计要求，连接支管处回填符合规范及设计要求。
2. 第一个阶段，雨水管道施工时，应当在 A 节点和 C 节点设置施工围挡。
   第二个阶段，两侧隔离带、非机动车道、人行道施工时，应当在 A 节点、C 节点、D 节点、F 节点设置施工围挡。
   第三个阶段，原机动车道加铺沥青混凝土面层时，在 B 节点、E 节点设置施工围挡。
3. 确定沟槽开挖宽度主要的依据是管道外径、管道一侧的工作面宽度、管道一侧的支撑厚度。确定沟槽坡度的主要依据是土体的类别、地下水位、坡顶荷载情况等。
4. 施工现场应根据风力和大气湿度的具体情况，进行土方回填、转运作业；沿线安排洒水车，洒水降尘；现场堆放的土方应当覆盖，防止扬尘；从事土方、渣土和施工垃圾运输的车辆应采用密闭或覆盖措施；现场出入口处应采取保证车辆清洁的措施；并设专人清扫社会交通路线。
5. 应当在既有结构、路缘石和检查井等构筑物与沥青混合料面层连接面喷洒粘层油。

专题二　城市桥梁工程

第四题

1. A——铺装面层，B——混凝土基层。
2. （1）支座作用：桥跨结构与桥墩或桥台的支承处设置的传力装置，不仅要传递很大的荷载，还要保证桥跨结构能产生一定的变位。
   （2）支座名称：板式橡胶支座。
3. 桥幅宽 25m，每跨有 24 片空心板梁，共 14 跨，所以共有空心板梁：24×14=336（片）。
   1 个模板的空心板梁预制时间：336×7=2 352（d），已知预应力空心板梁预制（含移梁）需要 4 个月，则需要的模板数量为：2 352/120=19.6（个），所以预应力空心板梁加工至少需要的模板数量为 20 个。
4. C——预留管道，D——浇筑混凝土，E——张拉钢绞线，F——封锚混凝土。
5. 应抽取 3 盘，并从每盘所选的钢绞线任一端截取一根试样，进行力学性能试验和其他试验。

第五题

1. （1）施工作业中发生施工资源配置有重大变更调整时，施工组织设计应及时修改或补充，经修改或补充的施工组织设计应按审批权限重新履行审批程序，需要重新经总承包单位技术负责人审批并加盖企业公章，并报总监理工程师批准后方可实施。
   （2）重新开工前，技术负责人和安全负责人应针对变更后的施工组织设计及专项施工方案进行工前技术交底和安全技术交底的工作。
2. 满足支架法施工的部分条件是指：地域宽广平坦，施工平面多，便于搭设支架以及周边的临时设施建设。
3. （1）不满足。
   （2）需做以下处理：①对地基基础进行预压；②支架的地基承载力应符合要求，必要时

应采取加固处理和其他措施；③支架底部应有良好的排水措施，不得被水浸泡；④浇筑混凝土时应采取防止支架不均匀下沉的措施。

4. (1) 支架搭设前技术负责人应做好下列工作：
①按施工组织、规范和设计要求主持编制专项施工方案，经建设单位项目负责人、施工单位技术负责人、总监理工程师审批之后实施。
②施工前还需要对施工管理人员与分包单位进行书面安全技术交底工作，并签字归档。
③对门架、配件、加固件等材料按规范要求进行检查、验收，严禁使用不合格配件。
④对搭设场地组织人员进行清理、平整，并做好排水。
(2) 对于桥下净高 13.3m 的部分，还需要组织专家论证，根据专家论证报告修改方案，按规定进行审批及工前交底工作。

5. (1) 支架搭设完成和模板安装后用预压方法以及预拱度的设置解决变形问题。
(2) 支架拼装间隙和地基沉降在桥梁建设中属于非弹性变形。

6. 需到市政工程行政主管部门和公安交通管理部门办理占用道路的审批手续。

第六题

1. (1) 构件 A——桥梁支座；结构层 B——粘层油。
(2) 支座作用：支座将桥梁上部结构承受的荷载和变形（位移和转角）可靠地传递给桥梁下部结构，是桥梁的重要传力装置。
2. 共 6 跨梁，每跨有 24+2=26 片板梁，每个箱梁一端有 2 个支座（共 4 个支座），那么总共有 26×4×6=624 个支座。
3. C：水下灌注混凝土；D：模板安装；E：5 个。
4. 施工单位应向建设单位提交工程竣工报告，申请工程竣工验收。
5. 工程完工后，施工单位应组织有关人员进行自检，总监理工程师应组织专业监理工程师对工程质量进行竣工预验收，对存在的问题，应由施工单位及时整改。整改完毕后，由施工单位向建设单位提交工程竣工报告，申请工程竣工验收。

第七题

1. 设计导流管涵时，河道管涵的断面必须满足施工期间河水最大流量要求；管涵强度必须满足上部荷载要求；管涵长度必须满足支架地基宽度要求。
2. 支架预留拱度还应考虑支架受力产生的非弹性变形、支架基础沉陷和结构物本身受力后各种变形。
3. 对支架基础预压的主要目的是：消除地基在施工荷载下的非弹性变形；检验地基承载力是否满足施工荷载要求；防止由于地基沉降产生梁体混凝土裂缝。
4. (1) B 标连续梁采用悬臂浇筑法最合适。
(2) 浇筑顺序主要为：墩顶梁段（0 号块）→墩顶梁段（0 号块）临时固结→两侧对称悬浇梁段→边跨主梁合龙段→中跨主梁合龙段。

专题三　城市隧道交通

第八题

1. (1) 基坑自身风险等级为二级，基坑深度 16.2m。
(2) 基坑监测应测项目有立柱结构竖向位移，支撑轴力，地连墙体水平位移、地表沉降，地下水位。

2. (1) 应铺设4道水平施工缝。

(2) 底板与负二层侧墙水平施工缝正确位置对应的字母为A。

3. (1) 该仓顶板浇筑过程中，检验评定混凝土强度时，应留置1组试件，控制拆模时间评定抗压强度时，应留置4组混凝土试件。

(2) 养护条件：检验评定强度应选择试验室标准条件养护，控制拆模时间应选择日均气温23℃养护。(同条件养护)

4. (1) 支架搭设方案需要进行专家论证。

(2) 理由：车站宽度19.6m＞18m，支架搭设跨度18m及以上，属于超过一定规模的危险性较大的分部分项工程，应当组织召开专家论证会对专项施工方案进行论证。

第九题

1. 需要组织专家论证的分部分项工程安全专项方案有工作井基坑开挖、基坑支护、基坑降水、盾构吊装。

2. (1) 应补充的临时设施包括：办公设施（办公室、会议室）；生活设施（宿舍、食堂、厕所、卫生保健室）；生产设施（材料仓库、防护棚、加工棚、操作棚）；辅助设施（道路、现场排水、围墙、大门）。

(2) 不合理之处：①搅拌设施及堆土场设置位置离工作井基坑顶边缘太近，且严禁堆放；②禁止在围挡内侧布置堆土场堆放泥土等散装材料。

3. 基坑监测项目还包括围护桩顶垂直位移、围护桩水平位移、居民楼建筑物的沉降和倾斜、土体水平位移、地下水位和地表、建筑物（居民楼）和支护结构的裂缝等。

4. 基坑坍塌应急预案还应考虑的危险因素包括用电设施、地下水位、土体坍塌、建筑物沉降、高处坠落、围护结构、管线沉降等。

专题四 城市管道工程

第十题

1. 该项目还需编制管道沟槽开挖专项施工方案，管道沟槽支护专项施工方案，管道吊装专项施工方案、管道回填专项施工方案。

2. (1) Y21管内底标高A：(19.526－A) /40＝2/1 000，A＝19.446 (m)。

(2) 图4-12断面图为3m＜H≤4m范围，Y21处开挖深度H＝23.02－（19.446－0.12－0.18）＝3.874 (m)，取3.9m。

(3) 开挖断面上口宽度B＝3＋0.8×2＋3.874×0.75×2＝10.411 (m)，取10.4m。

3. 管道两侧及管顶以上500mm范围内不得使用压路机，应采用人工配合小型压实设备，管道两侧分层、对称进行回填及压实作业。

4. 旧路沥青面层分层连接处应采用机械切割或人工刨除层厚不足部分，清除切割泥水杂质，干燥后涂刷粘层油，跨缝摊铺混合料使接槎软化，人工清除多余材料，骑缝充分碾压密实。

第十一题

1. (1) B公司编制施工进度计划还应依据总包单位的进度计划、分包合同中规定的工期进行编制。

(2) A、B两公司处理进度关系的正确做法：总承包单位（A公司）应将分包单位（B公司）的施工进度计划纳入总进度计划的控制范围，总、分包之间相互协调，处理好进度执行过程中的相关关系，并协助分包单位解决项目施工进度控制中的相关问题。

2. (1) B公司做法不正确。

(2) 错误之处及正确做法如下：

①错误之处一：预留100mm土层，由人工开挖至设计高程。

正确做法：机械开挖时，槽底预留200～300mm土层，由人工开挖至设计高程，整平。

②错误之处二：槽底局部受水浸泡，未处理。

正确做法：槽底局部扰动或受水浸泡时，宜采用天然级配砂砾石或石灰土回填。

③错误之处三：施工人员直接攀爬支撑上下沟槽。

正确做法：在沟槽边坡稳固后，设置供施工人员上下沟槽的安全梯。施工人员由安全梯上下沟槽，不得攀爬支撑。

3. 应由A公司报告监理，建设单位组织设计（勘察）单位、监理单位、承包单位共同研究处理措施；得出结论后，由设计单位出具变更设计图，监理出具变更签证，施工单位上报新施工方案，按原审批流程获得批准后，才能处理。

4. (1) 勘察资料中没有提及的大型暗浜处理引发的索赔应该受理。

(2) 索赔依据：①招标文件、施工合同、经认可的施工计划、施工图；②双方的来往信件和会议纪要；③进度计划、具体的进度以及项目现场的有关文件；④工程检查验收报告；⑤换填材料的使用凭证；⑥设计单位出具的变更设计图，监理出具的变更签证等。

第十二题

1. 本工程管道焊接的焊工应具备的资格条件如下：

(1) 从事燃气、热力工程施工的焊工，必须按《特种设备焊接操作人员考核细则》的规定考试合格，并持有特种设备作业人员证。

(2) 证书应在有效期内，且焊工的焊接工作不能超出持证项目允许范围（对金属材料焊工，包括焊接方法、金属材料类别、试件形式及位置、焊缝金属厚度、管材外径、填充金属类别、焊接工艺因素；对非金属材料焊工，包括焊接方法、机动化程度、试件类别）。

(3) 中断焊接工作超过6个月，再次上岗前应重新考试。

2. (1) 直管堆放的最高高度应为1.5米。施工现场应平整夯实，管材堆放要整齐有序，间距合理，底部应垫平稳，严禁立放或斜放，搬运时要顺序拿取；要在旁边增设防护支撑，立警示牌，防止倒塌；在户外堆放时有遮盖物；按照不同的直径和类型分别堆放。

(2) 管道采用棚护的主要目的是防雨、防晒，防止管道腐蚀受损、老化变形。

3. A——质量合格证明书；B——外观。

4. 聚乙烯管道热熔对焊工艺的评定检验和试验项目有：拉伸强度、耐压试验（或强度试验）。

5. 热熔对接连接完成后，应对接头进行100%卷边对称性和接头对正性检验，并应对开挖敷设不少于15%的接头进行卷边切除检验。水平定向钻非开挖施工应进行100%接头卷边切除检验。

第十三题

1. (1) 中压地下燃气管与给水管的水平净距不应小于0.5m。

(2) 燃气管道埋设在车行道下时，燃气管顶的最小覆土深度不得小于0.9m。

2. (1) 燃气管道强度试验压力为0.6MPa，水压试验时，当压力达到规定值后，应稳压1h，观察压力计应不少于30min，无压力降为合格。

(2) 燃气管道严密性试验压力为 0.46MPa，严密性试验前应向管道内充空气至试验压力，燃气管道的严密性试验稳压的持续时间一般不少于 24h，每小时记录不应少于 1 次。采用水银压力计时，修正压力降小于 133Pa 为合格；采用电子压力计时，压力无变化为合格。

3. (1) 该隧道工程可以采用的施工方法有：密闭式顶管法、盾构法及浅埋暗挖法。

(2) 理由：施工过程中发现砂卵石地层，并且含水量较高，定向钻法及夯管法不适用。

4. 对发生的安全事故，A 公司应承担的责任有：

(1) A 公司没有认真审核 B 公司施工资质，便与之签了分包合同，A 公司应对这起事故负安全控制失责的责任。

(2) A 公司虽然采取了派人进驻 B 公司施工现场，并对 B 公司的违规操作提出了劝阻意见及正确做法，但未采取坚决制止的手段，导致事故未能避免，A 公司应负安全控制不力的责任。

(3) A 公司应统计分包方伤亡事故。按规定上报和按分包合同处理分包方的伤亡事故。

5. (1) B 公司不妥之处：

①不妥之处一：根据已有经验和这个土层的段落较短。

正确做法：应通过检测或者试验来确定施工相关参数。

②不妥之处二：没有进行超前注浆加固等加固措施，反而加大了开挖的循环进尺，试图“速战速决，冲过去”。

正确做法：应采用小导管超前注浆加固措施，减小开挖尺寸及速度。

(2) B 公司不具备安全资质，又不听从 A 公司人员的劝阻，坚持违规操作，造成事故，应当负分包方对本施工现场的安全责任以及分包方未服从承包人的管理的责任。

专题五　案例综合

第十四题

1. 施工组织设计文件中还应该补充的保证措施有：季节性施工保证措施、交通组织措施、构（建）筑物及文物保护措施、应急措施。

2. A 区——警告区；B 区——缓冲区；C 区——终止区。

3. 施工过程中，项目部还需做如下工作：

(1) 施工过程中，必须设专人随时检查地下管线、维护加固设施，以保持完好。

(2) 观测管线沉降和变形并记录，遇到异常情况，必须立即采取安全技术措施。

(3) 建立应急组织体系，配备应急抢险的人员、物资和设备，组织体系应保证在紧急状态时可快速调动人员、物资和设备，并根据现场实际情况进行应急演练。

(4) 出现异常情况，应立即通知管理单位人员到场处理、抢修。

4. (1) 不妥之处一：采用机械分两层开挖不妥。

正确做法：设计要求基坑采用明挖放坡，每层开挖深度不大于 2.0m，而地下部分深度 5.5m，所以应分三层开挖。

(2) 不妥之处二：开挖到基底标高后一次完成边坡支护不妥。

正确做法：应分段进行，随着开挖及时边坡保护。

(3) 不妥之处三：机械直接开挖到基底标高夯实不妥。

正确做法：应在槽底预留 200～300mm 土层，由人工开挖至设计高程，整平。

5. 项目部地基验收时，还需要勘察、设计、施工单位参加。

第十五题

1. (1) 单价调整如下：能够早日收回工程款的项目（如灌注桩等），预计今后工程量会增加的项目，没有工程量只填单价的项目可以适当提高单价。对后期项目、工程量可能减少的项目可适当降低单价。

   (2) 不妥当。

   理由：措施项目清单为可调整清单，A公司可根据自身特点作适当变更增减，对可能发生的措施项目和费用要通盘考虑，措施项目清单一经报出，即被认为包含了所有应该发生的措施项目全部费用，没有列项的，认为分摊在其他单价中。

2. (1) 本工程为单价合同。

   (2) 单价合同的特点是单价优先，工程量清单中数量是参考数量。

3. (1) 应该。

   (2) 理由：因为总包单位对分包单位承担连带责任，A公司可以根据分包合同追究B公司的经济责任，由B公司承担50万元的经济损失。

4. (1) 选择违约金条款：石料厂支付违约金并返回定金，索赔额为400×5%+50=70（万元）。

   (2) 选择定金条款：石料厂双倍返还定金，索赔额为50×2=100（万元）。

5. 变更价款按如下原则确定：

   (1) 合同中有适用于变更工程的价格（单价），按已有价格计价。

   (2) 合同中只有类似变更工程的价格，可参照类似价格变更合同价款。

   (3) 合同中既无适用价格，又无类似价格，由承包方提出适当的变更价格，计量工程师批准执行。这一批准的变更，应与承包方协商一致，否则将按合同纠纷处理。

6. (1) A公司不能对业主提起诉讼。

   理由：因为双方在合同中约定了仲裁的条款，不能提起诉讼。

   (2) 如果业主拒绝支付工程款，A公司可以向工程所在地的仲裁委员会申请仲裁，如业主不执行仲裁可以向人民法院申请强制执行。

第十六题

1. (1) 建设单位对投标单位的限定不合法。

   (2) 理由：《中华人民共和国招标投标法》规定，依法必须进行招标的项目，其招标投标活动不受地区或者部门的限制。任何单位和个人不得违法限制或者排斥本地区、本系统以外的法人或者其他组织参加投标，不得以任何方式非法干涉招标投标活动。

2. (1) 商务标编写组还应对施工机械使用费（或租赁费）进行询价。

   (2) 招标文件提供的工程数量含有预估的成分，所以为了能准确确定综合单价，应该根据招标文件提供的施工图纸及相关说明，重新核对工程数量，并根据核对后的工程数量，确定组价的工作内容，并以此计算综合单价。

   (3) 措施项目清单为可调整清单，投标人对招标文件中所列项目，可根据企业自身特点作适当的变更增减。

3. (1) 工期为175d。

   (2) ①关键线路为：A→B→D→E→H（①—②—③—④—⑥—⑧）。

   ②招标文件要求工期为180d，所以计划工期满足招标文件要求。

4. 不合理。理由：工作C延误是由甲公司自身原因造成，不予索赔。

5. 最终的技术标还应补充下列内容：

   (1) 施工平面布置图。

（2）质量目标设计，如：质量总目标、分项质量目标，实现质量目标的主要措施、办法及分项、分部、单位工程技术人员名单。
（3）技术措施，包括冬、雨期施工措施及采用的新技术、新工艺、新材料、新设备等。
（4）安全措施。
（5）文明施工措施。
（6）环保措施。
（7）节能、降耗措施。

第十七题

1. 施工平面布置图的使用不正确。
理由：本项目位于城市繁华地带，并有新旧工程交替，且需维持社会交通，因此施工平面布置图应是动态的。
2. （1）工程总工期为120d。
（2）关键线路为：①—②—⑤—⑦—⑪—⑫—⑬。
3. （1）事件一将使工期拖延4d。
（2）如果承包人提出工期索赔，只能获得由事件一导致的工期拖延补偿，即延期4d。
理由：因为原有地下管网资料应由业主提供，并应保证资料的准确性，所以承包人应获得工期索赔。
4. 项目部向企业提供月度施工进度报告的内容还应包括：实际施工进度图，工程变更、价格调整、索赔及工程款收支情况；进度偏差的状况和导致偏差的原因分析；解决问题的措施；计划调整意见和建议。

亲爱的读者：

如果您对本书有任何感受、建议、纠错，都可以告诉我们。

我们会精益求精，为您提供更好的产品和服务。

祝您顺利通过考试！

扫码参与问卷调查

环球网校建造师考试研究院